I0052602

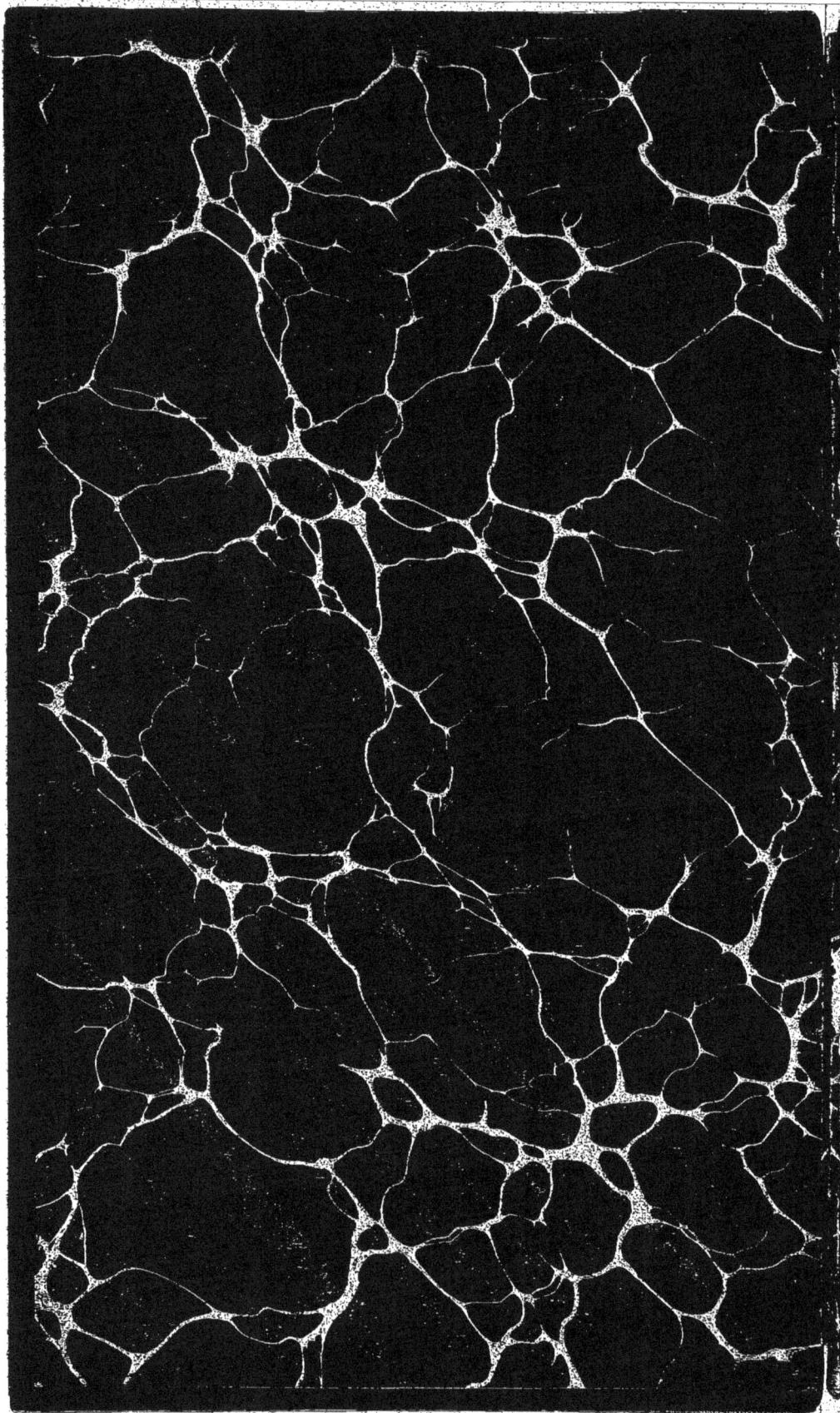

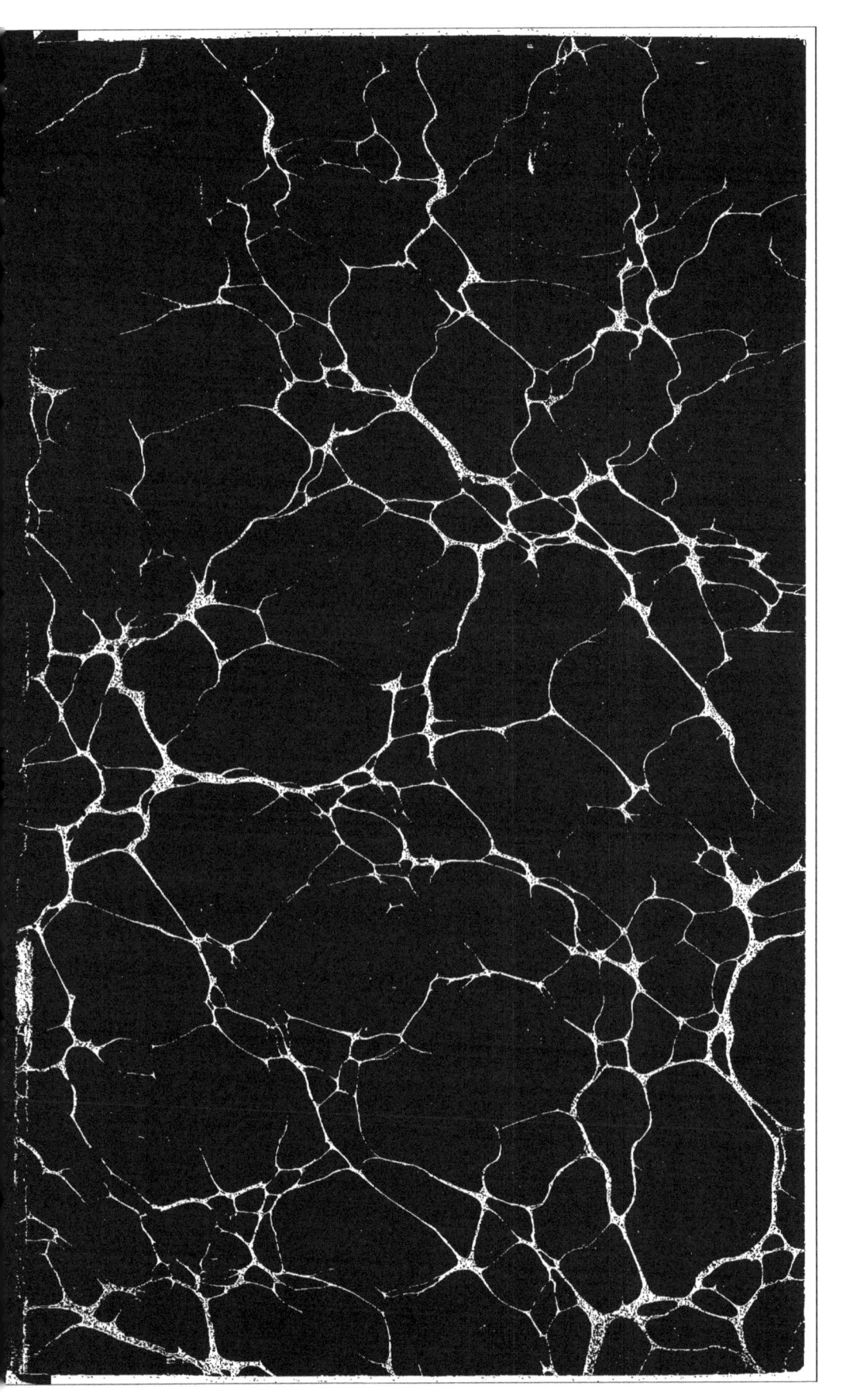

S

S Doublette

à conserver pour
autographe de
Chanteur — le 1er
ex. est relié dans un
recueil. inv. 15341

35860

*104*  4316

# DE L'EXPORTATION
## *ET DE*
# L'INPORTATION
# DES GRAINS.

*MÉMOIRE lû à la Société Royale d'Agri-
culture de Soissons, par M. DU PONT,
l'un des Associés.*

fluunt Imbres, nascitur Aurum. *F. Q.*

# A SOISSONS,
*Et se trouve*
# A PARIS,
Chez P. G. SIMON, Imprimeur du Parlement,
rue de la Harpe, à l'Hercule.

## M. DCC. LXIV.
*AVEC APPROBATION ET PRIVILEGE DU ROI.*

à M. Le Procureur général

Monsieur

Un Magistrat qui comme vous, ne s'occupe que du bien public, a des droits sur un ouvrage que l'amour du bien public à dicté. C'est ce qui m'enhardit à vous offrir quelques exemplaires de celuy-ci.

Je suis avec respect,

Monsieur,

Votre très humble et
très obéissant serviteur

Dupont, associé de la
société Royale d'agriculture de Soissons.

# AVERTISSEMENT.

ON croit que l'événement funeste arrivé depuis l'impréssion de cet Écrit, ne doit point faire supprimer un hommage que dicta la vérité.

Malheur à l'homme, qui craindrait de jetter quelques fleurs sur la Tombe de ceux auxquels il offrit son encens !

A MADAME

LA MARQUISE

DE POMPADOUR.

 ADAME,

*J'AI entrepris de traiter une matiere si intéressante pour la Nation, & si conforme à vos vues pour*

a ij

le bien public, que j'ai cru pouvoir aspirer à l'honneur de vous présenter mon travail. La protection décidée que vous accordez à ceux qui s'appliquent à l'étude de la Science œconomique, lui assurait en quelque façon le droit de paraître sous vos auspices; & vous avez daigné en recevoir l'hommage.

Vous avez vu naître, MADAME, cette Science importante & sublime avec laquelle on pèse le destin des Empires, dont la félicité sera toujours plus ou moins grande, en raison de ce qu'on s'y attachera plus ou moins à l'observation de l'ordre invariable que la nature a mis dans la dépense & dans la réproduction

des richeſſes : la juſteſſe de votre
eſprit vous en a fait ſentir les principes, la bonté de votre cœur vous
les a fait aimer, & c'eſt à vous que
le Public en doit la premiere connaiſſance, par l'Impréſſion que vous
avez fait faire, chez vous & ſous vos
yeux, du Tableau œconomique &
de ſon explication.

Cette précieuſe anecdote vous a
acquis des droits ſacrés ſur la bé-
nédiction des Peuples ; quelles mar-
ques plus touchantes de leur recon-
naiſſance que les inquiétudes & les
allarmes qui ſe ſont répandues ſur
tous les ordres des Citoyens pendant
la maladie cruelle qui a paru me-
nacer vos jours. Voilà, MADAME,

*l'encens véritablement flatteur pour une ame élevée, il était digne de vous.*

*Je suis avec respect,*

*MADAME,*

Votre très-humble &
très-obéïssant serviteur
D u P o n t, de la
Société Royale d'A-
griculture de Soissons.

# PREFACE.

IL s'agit de prouver les avan-tages immenſes que la Nation trouverait dans la liberté générale, entiere, abſolue & irrévocable du Commerce extérieur des Grains.

Comme la vérité éxiſte par elle-même, & qu'elle eſt dans la nature, *démontrer* ne ſignifie que *faire voir* ; & l'art de juger n'eſt autre choſe que le talent d'ouvrir les yeux.

Voyons donc, que les faits, que l'expérience précédent tou-jours nos raiſonnemens ; raſſem-blons les piéces du procès, & mettons le Leƈteur dans le cas de décider fans nous, malgré nous, malgré lui.

C'eft à quoi nous deftinons ce très-petit Ouvrage.

Que les grands Maîtres qui nous ont inftruit & devancé, pardon-nent fi nous revenons ici fur des vérités claires, palpables, triviales peut-être pour eux. C'eft pour tout le monde que nous écrivons.

DE

# DE L'EXPORTATION

## ET DE

# L'INPORTATION

# DES GRAINS.

## CHAPITRE PREMIER,

### OU PRÉLIMINAIRE.

*DÉPENSES de la Culture, & Reprises du Laboureur.*

P UISQUE nous devons parler de l'utilité, de la nécéffité & de la facilité d'avoir une grande abondance de Bled, & une très-grande abondance d'argent par le moyen de ce Bled ; il eft convenable de jetter préliminairement un coup d'œil fur la maniere

A

dont il nous vient, & fur les conditions nécéffaires pour le faire croître & multiplier.

Des Perfonnes très-verfées dans les détails de l'économie rurale, ont obfervé, que dans l'établiffement d'une ferme de 120 arpens (1) cultivée par une charrue & quatre forts chevaux, il fallait, l'un portant l'autre, faire avant la premiere récólte une dépenfe de 10,000 liv. & enfuite recommencer annuellement une dépenfe d'environ 2,000 liv.

Dix mille livres de fonds qu'il faut d'abord employer fur la terre, deux mille livres que l'on en retire & que l'on y reverfe tous les ans, voilà donc le détail des dépenfes de la culture; détail modéré, & qui ne craint pas la contradiction.

---

(1) Nous comptons l'arpent de 100 perches quarrées, & la perche de 22 pieds. L'arpent de M. de Vauban fe trouve d'environ un cinquiéme de moins; & compenfation faite de ces deux mefures, nos calculs de produits & ceux de cet Auteur reviennent à peu-près au même.

Pour que cette culture continue, il faut que le Fermier ne mange jamais le fonds de richeſſes qui en eſt le moteur; c'eſt-à-dire, il faut qu'il ait toujours ſes *repriſes* aſſurées ſur la réproduction.

Ce que nous appellons les *Repriſes* du Laboureur eſt compoſé, de ſes *avances annuelles*, indiſpenſables pour préparer la récolte de l'année ſuivante; & des intérêts de ſes premiers fonds, indiſpenſables encore pour lui faire une réſerve qui puiſſe parer aux grands accidens, aux grêles, aux inondations, aux gelées, à la nielle, &c. ſans le forcer de diminuer ſes avances; ce qui diminuerait la réproduction, & d'accidens en accidens détruirait la culture, ſi les intérêts ne faiſaient pas face dans ces momens imprévus.

Ces intérêts ſi importans ſont évalués à 10 pour 100 : & l'on ne trouvera point que ce ſoit trop; ſi l'on conſidere les événemens terribles auxquels ils ſont expoſés, ſi l'on remarque qu'une grande partie du

4 DÉPENSES DE LA CULTURE, ET
premier fonds de richeſſes d'exploitation
eſt dépériſſable, ſe gâte par le ſervice,
& demande à être renouvellé ; ſi l'on
penſe que ces intérêts ſont les conſerva-
teurs & la garantie des Baux, & que c'eſt
d'eux, en quelque façon, que dépend le
ſalut de la ſociété ; ſi l'on obſerve d'ailleurs,
que tout travail mérite récompenſe, &
qu'il ne ſerait ni juſte, ni ſûr que celui
qui eſt le plus pénible, & de qui dépen-
dent tous les autres, fût privé de la choſe
qu'ils prétendent tous ;

Dans une ferme telle que celle dont
nous parlons, ( & qui dit une ferme en
dit mille, parce que, quant à ce calcul,
elles ne différent que du plus au moins )
les *repriſes* du Laboureur feront donc
compoſées

De ſes avances annuelles, . . 2,000 l.

Des intérêts des dépenſes qui
ont précédé la premiere récolte, 1,000

TOTAL, . . . . . . 3,000

De quelque maniere que l'on s'arrange,
quelle que ſoit la valeur de la réproduction

totale, dès que l'on prétend à en avoir
une autre qui lui foit égale, il faut in-
difpenfablement que le Laboureur commence par fe nantir de fes reprifes : cela
ne fouffre point de démonftration ; tout le
monde fçait qu'il n'y a pas d'effet fans
caufe, tout le monde fent qu'il ne peut y
avoir de récolte fans culture, & de culture fans les dépenfes nécéffaires pour y
fubvenir.

Nous avons choifi notre éxemple dans
le cas le plus avantageux, dans celui où
les avances donnent proportionnellement
les plus grands produits. C'eft encore un
fait fur lequel nous ne nous appéfantirons
point, parce qu'il a été prouvé dans mille
endroits, & qu'il eft de notoriété publique (2).

_____

(2) La petite culture qui s'éxécute avec des bœufs,
paraît éxiger de moindres avances ; mais dans le fait
elle en employe de bien plus confidérables, parce qu'elle
les prend fur la terre même, au détriment de la réproduction & fur-tout du *produit net*. C'eft ce qui nous a
engagé à bannir abfolument de nos calculs cette efpèce

Il s'agit à préfent de fçavoir quels feront ces produits, & fur-tout quel fera le bénéfice net de ces produits ? car voici la grande affaire.

Nous l'éxaminerons dans le Chapitre fuivant.

---

de culture ; nous ne voulons qu'inftruire les citoyens qui ne font point accoutumés aux combinaifons rurales, & nous les aurions effrayés.

Quant aux totaux de dépenfes ici cités ; ils font faits fur les rapports combinés de plufieurs Laboureurs habiles & intelligens ; rien n'y eft exagéré. On peut confronter ces calculs avec ceux qui fe trouvent dans l'*Enciclopedie* au mot *Fermiers*, & au mot *Grains*, avec ceux de *M. Duhamel*, avec ceux de *M. Patullo*, & encore avec ceux de la *Philofophie rurale*, les plus étendus qui aient encore été faits fur les matieres œconomiques.

# CHAPITRE II.

### *Du produit net de la Culture, & à quoi il tient.*

LE *produit net*, disions-nous en finissant le Chapitre précédent, c'est la grande affaire. Ceci n'a pas encore besoin de preuve, il est clair que dans toute entreprise qui ne donnerait point de *produit net*, & qui ne rembourserait que les frais, personne ne vivrait sur le bénéfice.

Nous vivons cependant, nous autres *Citadins* qui ne contribuons point au travail de la culture, & qui ne sommes pas les gagistes du Laboureur : & même il est fort important que nous vivions. Il est encore fort important que l'Etat ait des défenseurs qui protégent la *propriété* générale, des Administrateurs & des Juges qui veillent à la conservation des *propriétés* particulieres, des Ecclésiastiques qui instruisent le peuple, & prêchent la religion & les mœurs.

Or tous ces gens-là, & nous, ne pouvons vivre que fur les produits de la culture ; puifqu'il commence à être généralement reconnu, qu'il n'exifte que cette fource unique de biens renaiffans (3).

(3) Nous croyons inutile de répéter ici que *l'induftrie ne fait que donner la forme aux productions de la terre, qu'elle ne crée rien, que fon prix n'eft qu'un rembourfement de frais de fubfiftance ; que le commerce n'a aucun produit véritable, qu'il n'eft qu'un échangeur, qu'il n'enfante aucun des biens qui prennent de lui la qualité de richeffes, qu'il ne fait que les mettre à leur place, en fixer la valeur vénale, & en égalifer la diftribution ; que l'argent n'eft qu'un figne repréfentatif, que l'on ne peut en avoir fans l'acheter avec des richeffes réelles, que jamais on n'en manquera quand on aura des richeffes pour le payer, que fa multiplication qui ne ferait pas le fruit d'une augmentation de richeffes, ne ferviraît à rien, qu'il n'eft pas poffible qu'il y en ait en circulation pour une fomme plus grande que celle des richeffes avec lefquelles on l'achete, &c., &c.* Ces vérités trop rebatues ne font ignorées d'aucun Lecteur inftruit, & les moins habiles comprendront aifément que les produits de la terre, étant les feules chofes qui renaiffent à de certains périodes, peuvent feuls fournir à des dépenfes perpétuelles.

Quand nous difons que *le commerce n'eft qu'un échangeur, &c.* il ne s'enfuit pas que nous veuillions l'avilir : bien au contraire. Le commerce, l'induftrie, le pécule, font certainement des chofes très-effentielles au bien-

Il nous eſt impoſſible, comme nous venons de le remarquer, de vivre ſur les *repriſes* du Laboureur, qui conſtituent ce que l'on appelle les frais ; il faut donc néceſſairement qu'il y ait un *produit net*, une part dans la réprodučtion qui ne ſe doive à perſonne, & qui ſera le patrimoine de la ſociété (4).

être de la Société ; mais ces choſes vont d'elles-mêmes à la ſuite de l'agriculture quand on ne leur barre pas le chemin. Les eſprits faibles & bornés ont vû des opérations brillantes & utiles, ils ont regardé le bras qui faiſait ces opérations, & n'ont nullement penſé à la force qui le mouvait : telles ont été les erreurs dont la Nation commence à revenir, nous avons tous crié en chœur *commerce*, *induſtrie*, *argent* ; ſans refléchir que dès que nous aurions des choſes commerçables, le commerce viendrait les chercher à moins qu'on ne lui ferme la porte ; que ſi nous avions beaucoup de denrées à vendre, ceux qui en auraient beſoin nous apporteraient beaucoup d'argent pour les acheter ; & que quand nous aurions beaucoup d'argent & beaucoup de richeſſes, ceux qui ſeraient bien partagés de l'un & de l'autre ſe feraient mille beſoins de commodité, ce qui exciterait l'induſtrie, qui fuira toujours des lieux où il n'y aura pas de quoi payer ſon ſalaire.

(4) Comme l'agriculture eſt le ſeul travail humain auquel le Ciel concoure ſans ceſſe, & qui ſoit une créa-

Plus cette part fera grande , & plus
nous aurons nos aifes ; & plus nous pourrons fatisfaire nos befoins réels & de fan-
taifie ; & plus nous entretiendrons d'Artiftes , de Négocians , &c. gens qui vivent

---

tion perpétuelle , tandis que le commerce & l'induftrie
ne font qu'une manutention & un revirement de chofes
déja créées ; les produits de l'agriculture qui par le commerce acquierent une valeur vénale , font les feuls qui
donnent un bénéfice net & réel ; c'eft-à-dire , qui puiffe
enrichir un homme fans en appauvrir un autre. Dès
que la valeur de la récolte a rembourfé les dépenfes qui
l'ont fait naître , & qui font néceffaires pour la perpé-
tuer , le refte eft ce qui conftitue le *produit net* , fur lequel feul on peut affeoir *un revenu*. Ce refte ne coûte
rien à perfonne , puifque tous ceux qu'il a occupé font
payés ; on le doit abfolument au terroir , à la Providence , à la bienfaifance du Créateur , *à fa pluie qu'il
verfe & qu'il change en or*. Ce refte , bafe de tous les
revenus , eft le grand lien , le *vinculum facrum* de la Société ; le propriétaire qui en jouit , le partage entre l'Etat
( & cette partie que l'on nomme Tribut , fert à la folde
de tous ceux qui font employés au fervice public ) ; les
Décimateurs , ce qui comprend tout l'Ordre Eccléfiaf-
tique ; & les Ouvriers qu'il occupe pour fon fervice
particulier. Chacun de ces gens-là , & le propriétaire
lui-même ayant deux efpeces de befoins , l'un de fubfiftance alimentaire , l'autre de vêtemens , meubles , uften-

fur la dépenfe d'autrui ; & plus l'Etat, dont la richeffe ne peut être fondée que fur la nôtre & proportionnellement à la nôtre, fera opulent, puiffant, heureux.

Voilà bien des chofes qui tiennent au *produit net*. Le *produit net* lui-même à quoi tient-il ? Il ne faut pas un long rai-

---

ciles, &c. partagent ce qu'ils touchent du revenu entre ces deux fortes de dépenfes ; l'une retourne directement à la terre par les denrées qu'elle paye au Cultivateur ; l'autre fe verfe fur les Ouvriers de tous états répandus dans la Société ; ces Ouvriers, qui tous ont faim, en renvoyent une partie fur la terre en achat d'alimens, & le Laboureur rend cette partie à la claffe ouvriere en achat d'habillemens & d'outils. C'eft par ces communications réciproques & continuelles, que chacun fubfifte & fait fes affaires, que l'Etat fe foutient, qu'il a des richeffes & des hommes *difponibles* en raifon de fes revenus, & qu'un petit nombre d'Agriculteurs peut nourrir une grande Nation. C'eft ainfi que les revenus des particuliers font le thermometre de ceux du Public, qui ne peuvent qu'en être une part proportionnelle. C'eft ainfi qu'ils donnent le jeu à toute la Société, qu'ils forment l'objet le plus intéreffant pour les regards de l'adminiftration, qu'ils lient ces deux chofes à jamais inféparables, le bonheur des peuples & la puiffance des Rois.

Voyez le *Tableau Œconomique*, & furtout la *Philofophie Rurale*.

fonnement pour faire voir qu'il dépend de la valeur de la récolte.

La valeur de cette récolte, réfulte de la quantité totale de la denrée, & du prix de cette denrée.

La quantité de la denrée varie, il eft vrai, tous les ans ; mais elle fe réduit facilement à une année commune, parce que la nature eft réguliere, même dans fes écarts.

Tout roule donc fur le prix de la denrée, & le prix commun eft ce qui détermine le revenu ; c'eft-à-dire, la portion de richeffes qui fe partage entre l'Etat, les Décimateurs, & tous les autres Membres de la Société qui ne font point attachés à la glêbe.

On entrevoit déjà confufément que l'augmentation du prix des bleds accroîtra tous les revenus. Mais comment & fuivant quelle loi cela fe fera-t-il ? Voyons, c'eft un des plus beaux fpeⱶacles que l'on puiffe mettre fous les yeux des Citoyens.

Lorfque le feptier de bled vaut prix commun 12 liv. la *réproduction totale* d'une charrue telle que celle que nous venons de décrire, ( & l'on fe fouviendra que cette charrue évaluée fur les rapports combinés d'une grande quantité de Laboureurs intelligens & de différens lieux, repréfente ici la proportion de 500 mille charrues, ou de toute la culture en grains du Royaume ) lorfque le feptier de bled, dis-je, vaut 12 liv. la réproduction totale eft de 3,272 liv. Le Laboureur retire fes *reprifes* de 3,000 liv. il refte 272 livres pour le *revenu* à partager entre le Propriétaire, l'impôt & les Décimateurs.

A 13 liv. le feptier de bled, la réproduction vaut 3,492 liv. le *revenu* ou *produit net* eft 492 liv.

A 14 liv. le feptier, la réproduction eft 3,706 liv. le *revenu* 706 liv.

A 15 liv. la réproduction eft 3,913 liv. le *produit net* 913 liv.

A 16 liv. la réproduction fe monte à 4,114 liv. & le *revenu* à 1,114 liv.

A 17 liv. la réproduction vaut 4,310 l. le *produit net* est 1,310 liv.

A 18 livres la réproduction devient 4,500 liv. le *revenu* monte à 1,500 liv.

A 19 liv. la réproduction vaut 4,685 l. le *produit net* 1,685 liv.

A 20 liv. la réproduction est 4,865 l. le *revenu* 1,865 liv.

A 21 liv. la réproduction valant 5,040 l. le *produit net* vaut 2,040 liv.

Cette Table est l'expression d'un fait historique. Les faits ne se démontrent point, ils se montrent, & c'est une espéce de raisonnement très difficile à confondre.

Cette Table est ici fort importante ; qu'on la regarde ; & après y avoir fait attention, qu'on la regarde encore ; car pour ceux qui l'auront bien vue, tout est dit sur la liberté du Commerce des grains.

Cependant comme la vérité est bonne à répéter ; comme on ne sçaurait trop l'éclaircir & la présenter sous trop de faces ; comme la Nation n'est pas encore

entiérement revenue des préjugés qui l'ont
offufquée depuis cent ans : nous entrerons
dans un plus grand détail. Mais avant de
de m'y livrer, on me permettra deux
obfervations de conféquence ( 5 ).

(5) Mes préliminaires paraiffent longs peut-être, à
ceux d'entre mes Lecteurs qui font plus empreffés de
fçavoir ma conclufion que d'en faire une. J'en fuis fâché;
mais il m'importe d'être toujours entendu d'eux ; d'ailleurs ce petit ouvrage fait pour la vérité, doit être iné-
branlable comme elle, & je ne veux pas qu'il reffemble
à une piramide renverfée.

# CHAPITRE III.

*OBSERVATIONS fur la Table précédente.*
*Apperçu de l'état actuel de notre Culture.*

IL eft important de remarquer que la
Table précédente n'a pas été conftruite
fur le rapport naturel de la Culture.
Si l'on n'avait fuivi que ce rapport, la
Table aurait préfenté un réfultat beaucoup
plus fatisfaifant ; à 15 liv. le feptier de
bled, le *produit net* eût été 1, 200 liv.

& à 18 liv. notre charrue aurait donné
un revenu de 2,000 liv. Mais . . .

. . . . . . . . .

. . . . . . . . (6)

_____

(6) Pour comprendre ceci, qui paraît abftrait, il faut
fe repréfenter qu'il n'y a que trois clâffes d'hommes dans
la Société. La premiere eft la *clâffe productive*, compofée
des Cultivateurs, & de leurs agens indifpenfables ; la
feconde eft la *clâffe des propriétaires* du revenu ou *pro-*
*duit net* de la culture, qui comprend les poffeffeurs des
fonds de terre, l'Etat & les Décimateurs ; la troifiéme eft
la *clâffe* dépendante, induftrieufe & *ftérile*, qui renferme
tous les gagiftes de la Société, à quelque titre que ce
foit. La premiere & la derniere de ces trois clâffes font
de droit & de fait, franches & immunes de toutes les dépenfes qui ne fervent pas directement à leur confommation & à leur travail. La derniere, parce qu'elle ne fubfifte
elle-même que fur la dépenfe des autres, & que donner
& reprendre ne vaut. La premiere, parce qu'elle eft la
dépofitaire des richeffes d'exploitation, feule machine
avec laquelle on fabrique les richeffes ; que fi l'on gênait
la machine, on arrêterait l'effet ; & pour amaffer du pécule qui fuit, on anéantirait des richeffes qui ne reviennent
plus. . . . . . .

. . . . . . . . .

. . . . Un boiffeau de femence produit communément fix boiffeaux. Si un accident quelconque détruifait,
gâtait ou enlevait ce boiffeau de femence au Laboureur,

Une feconde obfervation , non-moins effentielle à faire , eft que , quand nous parlons du bled à 15 , à 18 , à 21 liv. le feptier , il ne s'agit pas d'un prix paffager , ni même du prix commun du Marché ; mais du prix commun du Laboureur , de celui auquel le Vendeur de la premiere main débite fes grains.

Quand le Commerce eft libre , ce prix differe très-peu de celui du Marché , parce que la concurrence des *Blâtiers*

---

il eft clair que ce ferait fix boiffeaux de perdus pour l'année fuivante.

Pour faire tout fentir fur ces objets importans , il faudrait un volume , & je n'ai qu'une note. Ceux qui voudront en prendre une connaiffance plus étendue , peuvent confulter le *Tableau Œconomique* imprimé à la fin de *l'Ami des hommes* , & plus encore la *Philofophie Rurale* , Livre très-nouveau , mais qui fera quelque jour gravé en lettres de lumiere dans le Cabinet de tous les Princes fages , & dans les Archives de l'humanité.

*De quelque conféquence que fuffent les morceaux qui rempliffaient les lacunes que l'on voit ici dans le Texte & dans la Note , l'Auteur les a retranchés à l'Impréffion ; mais en les fupprimant , il ferait bien fâché de les défavouer : ces morceaux éxiftent en entier dans les Mémoires non publics de la Société Royale d'Agriculture de Soiffons.*

acheteurs, affurés du débit, fur-tout lorfqu'ils fe dépêchent, (vû que la récolte
manque toujours quelque part) les engage
à enchérir l'un fur l'autre, & à fe borner
au plus petit bénéfice poffible ; & encore parce que les pays qui regorgent,
verfant tout leur fuperflu fur les cantons
indigens, entretiennent par-là une uniformité de prix qui empêche la denrée
de s'avilir nulle part, & de monter à une
cherté exceffive en aucun lieu.

Mais quand une Nation s'ifole & ne
veut commercer qu'avec elle-même, elle
fe condamne alors à fubir toutes les iné-
galités de fes récoltes, & même à les
outrer dans le prix de fes grains. Lorfque
l'année eft abondante & que la récolte
furpaffe de beaucoup la confommation
habituelle, un petit nombre de Marchands régnicoles craint de fe charger de
magafins qui peuvent être d'un long débit,
& font à coup fûr d'un difpendieux entretien : le Laboureur, plus preffé de vendre
qu'ils ne le font d'acheter, baiffe le prix

de fa denrée au-deffous de toute proportion & jufqu'à ce qu'il ait trouvé des
Acquéreurs. Si au contraire la récolte
n'eft pas fuffifante pour la confommation
de l'année, la terreur fe répand dans tous
les efprits, ceux qui fe trouvent un peu
d'argent fe hâtent à la fois de faire leur
provifion ; les Vendeurs de grain, moins
preffés alors que les Acquéreurs, pro-
fitent de la circonftance & fe tiennent
haut ; quelques-uns même, ( à ce qu'on
dit, car le fait eft douteux ) ferment
leurs greniers pour augmenter la cherté ;
le bas peuple crie, fouffre, pille, & le
bled devient à un prix exhorbitant.

Il réfulte de-là, que le Laboureur ayant
dans ces momens de folie vendu un petit
nombre de feptiers fort cher, & dans
les années d'abondance & de *ftagnation*
un grand nombre à très-bon marché, a
débité le total de fes grains à un prix commun, beaucoup plus bas que celui de
l'Acheteur confommateur, qui a mangé
tous les ans un nombre égal de feptiers,

tantôt chers & tantôt à bon marché.

Un coup d'œil fur un calcul déja connu fera fentir la chofe mieux qu'un long raifonnement. ( 7 )

*E T A T des prix du Bled en France , l'exportation étant défendue.*

| ANNÉES | SEPTIERS par Arpent. | PRIX du Septier. | TOTAL par Arpent. | FRAIS, Tailles & Fermages par arpent chaque année. |
|---|---|---|---|---|
| Abondantes | 7 fept. | 9 l. f. | 63 l. f. | 66 liv. |
| Bonnes . . . | 6 | 10   15 | 64   10 | 66 |
| Médiocres . | 5 | 13   5 | 66   5 | 66 |
| Faibles. . . . | 4 | 17 | 68 | 66 |
| Mauvaifes . | 3 | 25 | 75 | 66 |
| TOTAL.. | 25 fept. | 75 liv. | 336 l. 15 f. | 330 liv. |

*Prix commun fondamental.*

330 liv. de dépenfes divifées à 25 fep-

---

(7) Ce calcul eft tiré originairement de l'*Enciclopedie*, au mot *Grain* ; on le trouve encore dans l'*Effai fur,*

tiers, donnent 13 liv. 4 f. qui est le prix commun que chaque feptier coûte au Laboureur.

### Prix commun de l'Acheteur.

Un homme confomme trois feptiers de bled par an, c'eft 15 feptiers en cinq ans, qui lui coûtent 225 liv. en trois fois 75 comme ci-deffus total de cinq feptiers.

---

*l'amélioration des terres*, *de M. Patullo*, & dans *les Obfervations fur la liberté du commerce des Grains*. Nous avons été forcés de diminuer les données dont fe font fervis ces Auteurs ; ces données vraifemblablement étaient autrefois exactes, & d'après le fait ; mais il eft certain qu'aujourd'hui elles feraient extrêmement éxagérées. Tout le monde fçait combien il s'en faut que le prix commun des marchés de la Nation foit depuis long-tems dix-fept livres huit fols, pour le feptier de Bled.

Quoique nous foyons dans nos données beaucoup plus près de la vérité, nous fçavons bien que les Juges féveres peuvent encore nous accufer d'avoir tablé fort au-deffus du fait actuel. Mais nous efpérons quelque chofe des éffets de la liberté intérieure que l'humanité du Roi vient d'accorder aux befoins de fes Sujets.

225 liv. divifées à 15 feptiers donnent 15 liv. pour le *prix commun de l'Acheteur.*

### Prix commun du Vendeur.

336 liv. 15 f. produit total de cinq années, divifées par 25 feptiers, donnent 13 liv. 9 f. 4 den. pour le *prix commun du Vendeur*, qui ne paffe que de cinq fols quatre deniers le *prix fondamental*,(8) & eft d'une livre dix fols huit deniers moindre que celui de l'Acheteur.

Si l'on réduifait toujours les difputes en faits, & les faits en tableaux, on

---

(8) *Le prix commun du vendeur* doit néceffairement être plus haut de quelque chofe que le *prix commun fondamental*, parce que c'eft le Laboureur qui en paffant fon bail ftatue le *prix fondamental* : il le ftatue d'après le calcul qu'il a fait de fes dépenfes ; & comme il eft juge fouverain en cette partie, & qu'il ne veut pas fe trouver à court ; il doit naturellement fe laiffer un peu de marge. Cette marge qui fait l'aifance de la culture, & la fubfiftance du pauvre Payfan qui vit autour des grandes fermes, conftitue la différence qui fe trouve entre ces deux prix ; différence cependant qui ne peut être confidérable, parce que la concurrence des Fermiers y mettrait bon ordre.

abrégerait beaucoup de conteſtations.

Il eſt, par exemple, une vérité, vérité triſte, qui devient ſenſible à la ſeule inſpection de celui-ci ; c'eſt que par le défaut de liberté extérieure & générale du débit de ſes denrées, le Laboureur eſt abſolument en perte dans les années abondantes, & qu'une récolte conſidérable qui paroît à la raiſon, au bon ſens, à l'humanité, à la Religion, devoir être regardée comme un bienfait du Ciel, eſt un fléau terrible pour l'Agriculteur qui l'a fait naître ; (9) & que ſi l'on était ſouvent ſujet à ce fléau ſingulier, il faudrait indiſpenſablement baiſſer le prix des

---

(9) M. Dupin rapporte dans un Mémoire ſur la liberté du commerce des Bleds, qu'il s'eſt trouvé chez un grand Seigneur dans le moment où celui-ci recevait d'un de ſes hommes d'affaires en Province, une Lettre conçue en ces termes : *De mémoire d'homme il n'y a eu une année auſſi abondante dans ce pays-ci, les granges ne ſont pas aſſez grandes, & le Payſan ne ſçait où mettre ſa récolte. Ainſi les affaires de vos Fermiers ſeront très-mauvaiſes, & il ne faut pas vous attendre à toucher un ſol d'eux cette année.*

baux, & par conféquent diminuer les impofitions, &c. &c. &c.

Il eft clair encore par ce même Etat, que ( quand l'exportation & l'inportation des grains ne font pas libres ) fi le bled vaut communément 15 l. pour les Confom-mateurs, il n'eft vendu qu'environ 13 l. 10 f. par les Laboureurs ; c'eft-à-dire, qu'il ne doit entrer que pour la valeur de 13 liv. 10 f. dans la Table du Chapitre précé-dent, car ce font les Laboureurs qui payent les revenus, & qui en détermi-nent la fomme ; jamais on ne leur fera paffer bail que de leur confentement, & ils ne confentiraient point à leur perte ; comme nous l'avons déja dit, ils font maîtres & légiflateurs en matiere de calculs ruraux.

Or, felon les régles de la Table du Chapitre précédent, lorfque le prix com-mun du bled eft à 13 liv. 10 f. le feptier de Paris pefant 240 l. la *réproduction totale* de notre charrue vaut 3,600 liv. & le *pro-duit net* eft 600 l. La dîme qui prend ordi-nairement le douzieme du produit total,

enleve 300 liv. il reste pour le Propriétaire & l'impôt 300 livres.

Maintenant que voici notre situation
présente statuée, (& les connaisseurs ne
m'accuseront pas de l'avoir statuée en
laid) voyons quel changement y appor-
terait la liberté générale, absolue & irrévocable du commerce extérieur des
grains.

# CHAPITRE IV.

*EFFET du Commerce ; quel sera le prix que la liberté absolue donnera en France au septier de bled.*

LE Commerce est l'art de se procurer son nécéssaire par le moyen de son superflu ; ( 10 ) c'est une convention fra-

_____

(10) L'Etre éternel qui voulait que les hommes de tous les pays se regardassent en freres, s'est plû à les unir par la chaîne impérieuse des besoins ; il a disposé notre demeure de maniere que les liens d'une dépendance mutuelle nous forcent à respecter & à chérir nos semblables , & nous apprennent que nous ne pouvons nuire à personne qu'à notre propre détriment.

Les biens *usuels* répandus inégalement & en quelque façon *par classes* sur la surface de la terre, donnent partout du superflu, & ne complettent le nécessaire nulle part. De-là est né le Commerce aussi ancien que la Société , & qui seul a pu l'agrandir : le Commerce qui rendant le superflu *disponible*, a donné l'être à la richesse , mere de la population.

Le possesseur des grains a senti que du surabondant de sa récolte, il pouvoit faire part à son voisin Vigneron , lequel en revanche lui ferait aussi part de son vin. Dès ce moment, à proprement parler , il n'a plus

ternelle à l'avantage de tous les Contrac-
tans, (11) moyennant laquelle ils s'en-

---

exifté de fuperflu, car le Cultivateur, de quelque
genre que ce foit, s'eft apperçu dès-lors que le fuperflu
de fon efpece de culture, n'était autre chofe que la faculté de fe procurer fon nécéffaire fur les produits des
autres cultures auxquelles il ne s'était point adonné : le
Laboureur a vû que tous les grains qu'il ne pouvait confommer, étaient en effet du vin, des habits & de
l'argent.

Mais fans les échanges & le commerce, toutes les
chofes qui y font fujettes auraient été fuperflues, ou
plutôt n'auraient pas exifté, ce qui eût produit la mifere
univerfelle, & eût fuffi pour empêcher la formation de
la Société.

(11) Rien de plus frivole que les fpéculations de
quelques Sçavans, & d'un beaucoup plus grand nombre
de Politiques fur le Commerce : que ces queftions tant
rebattues, fouvent par de trop grands hommes. *La balance de ce Commerce eft-elle ou non à notre avantage ? Ce
Commerce nous enchaîne-t-il nos voifins, ou nous fou'met-
il à eux ? Payons-nous un tribut aux autres peuples, ou
recevons-nous le leur ?* Le Commerce n'enchaîne perfonne exclufivement, les deux parties liées l'une à l'autre
par le befoin réciproque & de vendre & d'acheter ; il ne
fçaurait être un tribut, parce que la quotité de l'échange
fe fixe toujours fur la maffe du fuperflu de la Nation qui
en a le moins ; il ne faut pas craindre qu'elle mette jamais fon néceffaire en jeu ; le néceffaire eft une chofe
facrée que les hommes ne s'arrachent point à eux-mêmes ;

gagent à compenfer mutuellement la différence de leurs nécéffités par celle de leurs richeffes. Il établit une forte de communauté de biens entre les Nations qui le permettent & le favorifent, ( c'eft-à-dire, qui le laiffent libre ) communauté dont l'indifpenfable éffet eft de porter les marchandifes dans tous les lieux où fe trouve le befoin qui en affure le débit.

De cette Communauté il réfulte un *prix commun* à tous les peuples qui en jouif-fent ; c'eft-à-dire, que chaque peuple eft obligé de vendre au même prix que les autres, ou de fe paffer d'Acheteurs, & d'acheter auffi au même prix que les autres, fous peine de ne trouver per-fonn equi lui vende. Principalement lorf-qu'il s'agit d'une denrée, comme le grain

---

le commerce ne peut être au défavantage de qui que ce foit ; comme il n'a de pouvoir que fur le fuperflu, fa vertu principale eft de donner de la valeur aux chofes qui n'en ont point : tous les peuples achétent ce qui leur convient , & payent avec ce dont ils n'ont que faire ; la balance eft donc avantageufe pour tout le monde.

qui croît & eſt cultivé dans tous les pays ;
ce *prix commun* entre les peuples eſt un
prix uniformé, ( c'eſt-à-dire ſujet à peu
de variations , aux plus petites variations
poſſibles ) parce que l'abondance ſe pro-
menant tantôt dans un lieu , & tantôt
dans un autre, pour une région auſſi étendue que l'Europe , la maſſe totale des
grains eſt toujours à-peu-près la même ;
& toute la différence conſiſte en ce que
celui qui vend aujourd'hui , achetera
demain ; uniforme encore, parce qu'une
liberté irrévocable , enhardiſſant tout le
monde à faire des magaſins , prépare par-
tout de copieuſes reſſources pour les années de diſette ; de ſorte que le *prix
commun du marché général* égaliſe non-
ſeulement le ſort des pays plus ou moins
favoriſés de la Nature dans la même année , mais auſſi celui des bonnes & des
mauvaiſes récoltes dans des années diff-
rentes.

En voici aſſez pour faire ſentir qu'un
peuple, que quelque peuple que ce ſoit,

trouvera toujours beaucoup de bénéfice à entrer dans la *confédération négociante*, & à accéder au *prix commun du marché général;* plutôt que de vouloir faire *corps à part*, avoir ses denrées à un prix à lui particulier, & s'obstiner à ne laisser à personne la jouissance, en commun & pour son argent, des avantages qu'il croit tenir de la Nature : avantages qui cessent d'en être dès que l'on prétend empêcher les autres d'en profiter. ( 1 2 ) Mais ceci

---

(12) La grande & grossiere erreur de la politique humaine, tant de celle des Etats que de celle des particuliers, a été la manie de se cantonner, de ne voir que soi, de prétendre subsister exclusivement & aux dépens des autres ; mais par une juste punition du Ciel, chacun s'est enlacé dans le nœud qu'il préparait à son voisin.

Dans l'intérieur de la Société, le Manufacturier & le Rentier ont desiré que le pain soit à bas prix, l'un pour faire de plus gros gains, l'autre pour vivre avec plus d'aisance ; ils ne se sont nullement embarrassés de l'état du Laboureur & de celui des revenus publics ; mais ils n'ont pas pris garde que la conséquence de leurs judicieuses combinaisons empêcherait l'argent d'arriver jusqu'à la poche de celui qui doit acheter la marchandise, & détruirait le fonds sur lequel est hypotéquée la créance.

A l'extérieur, les Nations ont voulu faire un Com-
ne

ne parle qu'au raifonnement & à la réfléxion ; parlons aux yeux.

Quel fera ce *prix commun du marché général* , qui doit fervir de bâfe à nos calculs ?

***

commerce exclufif, vendre de tout & n'acheter de rien ; fans s'inquieter fi cela était poffible ; faire tout croître , tout manufacturer chez elles , fans fonger que *non omnis fert omnia tellus* , que fi la Providence avait deftiné tous les pays au même rapport, elle leur aurait donné le même climat & les mêmes pofitions ; fans examiner s'il n'y aurait pas plus d'avantage à acheter à l'étranger de certaines chofes , & à lui fournir par-là les moyens de faire emplette des denrées fur lefquelles on peut avoir le plus grand *produit net* , & que la nature a deftiné au *peuple vendeur* , par le foin qu'elle prend de contribuer chez lui à la *réproduction* : les mêmes peuples ont voulu être à la fois les fourniffeurs & les commiffionnaires univerfels , fans réfléchir que ces deux emplois étaient incompatibles , vû que les *peuples fourniffeurs* ou *vendeurs* de la premiere main, doivent faire une forte confommation, qui entretienne chez eux la valeur vénale de la denrée ; tandis que les Nations commiffionnaires ou revendeufes font obligées, dans la crainte de renchérir la marchandife, de refferrer leurs dépenfes , qui chez elles font totalement en frais , au lieu que chez les autres elles font toutes en richeffes , filles & meres des revenus. Chaque Corps politique s'eft revêtu d'une triple cuiraffe ; ils ont bien fait pis , les Peuples les

C

L'expérience a fait voir qu'avant l'invention du fyftême prohibitif, le feptier de bled fe donnait communément pour le tiers du marc d'argent, ou environ dix-huit livres de notre monnoye actuelle. (13)

plus fages fe font fait des guerres fanglantes pour des prétentions infenfées & ruineufes; aucun n'a voulu voir qu'une guerre de commerce n'était jamais qu'une barbare extravagance qui va directement contre fon objet; que l'on ne pouvait attaquer le commerce de fes voifins, fans diminuer le fien propre; & que s'oppofer aux ventes de fon ennemi, c'était borner fes achats, c'était lui enlever le moyen de payer les chofes que l'on ferait bien-aife de lui vendre, que l'on a un befoin indifpenfable de lui vendre.

Chacun connaît la fâble des *Membres* & de *l'Eftomac*; cette belle fâble prife dans toute l'étendue, & je dirais volontiers dans toute la majefté de fon fens, cette belle fâble eft l'hiftoire univerfelle. Tous les Peuples font les membres d'un corps immenfe qu'on appelle le genre humain; & malheur à celui qui jaloux de l'embonpoint de fon camarade, ofera, je ne dis pas le frapper, ( ce ferait un crime horrible & contre nature ) mais lui refufer le fecours de fes fervices, car il en pâtira le premier.

(13) En toute matiere de prix il faut partir d'un principe clair & fenfible; c'eft que l'argent monnoyé n'étant point richeffe, mais le *figne repréfentatif commun* de tout ce qui eft richeffe, la maffe totale de la monnoie re-

Les Anglais vendent préfentement le leur à-peu-près 22 liv. dans les marchés de l'Europe ; il eft inconteftable que notre

---

préfente toujours la maffe totale des richeffes qui font en circulation. De telle forte que la totalité du pécule équivalant exactement celle des richeffes, la cent-milliéme partie d'une des deux maffes répond toujours à la cent-milliéme partie de l'autre ; excepté dans de petites circonftances particulieres & de courte durée, les prix fuivent fans ceffe cette loi qui tient à l'équilibre univerfel des chofes, & les variations qu'ils éprouvent en font l'éffet ; un coup d'œil rapide fur l'Hiftoire en fera la preuve.

Nos peres (je veux dire les anciens habitans de l'Europe) établis fur les dépouilles de cette Rome qui depuis mille ans accumulait celles de l'Univers, étaient beaucoup plus riches en pécule qu'on ne le penfe communément dans ce fiécle où tant d'hommes lifent, & où fi peu fçavent lire. Il en éxiftait cependant une moindre fomme qu'aujourd'hui ; mais auffi il éxiftait moins de richeffes réelles. L'Angleterre tyrannifée par des Rois defpotiques, ou déchirée par les guerres civiles, n'était rien ; l'Allemagne était à moitié couverte de bois ; le Nord, retraite de quelques Barbares, dont les fréquentes émigrations prouvent la miféte & non pas le nombre, n'éxiftait pas quant au Commerce ; la France, l'Efpagne & l'Italie, feules contrées alors opulentes & bien cultivées, l'étaient en éffet plus qu'elles ne le font actuellement : mais il eft toujours de fait que s'il y avait une moindre maffe d'argent, il y avait auffi moins de ri-

concurrence fera baisser ce prix ; mais d'excellentes raisons trop longues à détailler ici, prouvent qu'il n'est pas possible

---

chesses & de consommateurs dans la totalité de l'Europe.

Dans cet état de choses qui s'est soutenu depuis Charlemagne jusqu'à Louis le Jeune, la proportion des richesses au pécule était telle qu'un septier de bled valait le tiers du marc d'argent. La fureur des Croisades qui se répandit alors, ayant enlevé des sommes immenses qui allaient se perdre dans la Palestine ou en chemin, diminua réellement la masse du pécule, & le pécule haussa de valeur relative ; le septier de bled ne valut plus que la cinquiéme, la sixiéme, & enfin la huitiéme partie du marc d'argent. La destruction de l'Empire Grec qui enleva une Nation commerçante, dont le pécule très-considérable entrait par conséquent dans la communauté de biens que le négoce établissait entre les peuples de l'Europe, renchérit encore l'argent au point que sous le règne de Louis XI, & même dès la fin de celui de Charles VII, le septier de bled ne valait plus qu'un quinziéme du marc. Sous François premier, la découverte de l'Amérique apporta tout-à-coup une forte quantité de pécule ; on le vit rapidement baisser de valeur relative, & le bled remonter par conséquent ; la proportion de ce règne fut année commune d'un septier de bled pour la cinquiéme partie d'un marc d'argent. Sous Henri II enfin le pécule augmenta tellement, qu'il reprit avec les denrées la même proportion qu'il avait sous Charlemagne & ses successeurs ; d'un septier de bled

qu'il tombe au-deſſous de 1 8 l. c'eſt-à-dire ,
que les variations iront au plus de 16 à
20 liv. comme en Angleterre , elles vont
actuellement de 20 à 24 livres. ( 14 )

---

pour le tiers du marc d'argent : proportion qui s'eſt
conſervée depuis.

Mais pourquoi , dira-t-on , cette proportion s'eſt-elle
ſoutenue , tandis que les tranſports d'Amérique ont ſans
ceſſe augmenté la maſſe du pécule ? Pourquoi ? Je l'ai dit
plus haut, parce que les richeſſes & les conſommateurs
ont multiplié ; non pas en France, en Eſpagne & en Italie , où tout prouve le contraire , mais dans l'Angleterre
qui s'eſt enrichie , policée & peuplée , dans l'Allemagne
qui a vû des moiſſons où elle voyait des forêts , dans la
Suede & le Danemark qui ſe ſont civiliſés & défrichés ,
dans la Ruſſie qui eſt ſortie du néant. Depuis que ces
Etats ſe ſont formés , d'autres raiſons ont contribué à
entretenir la même proportion ; d'un côté la maladie
des porcelaines , des mouſſelines & des toiles peintes,
les Compagnies qui ſe ſont formées pour aller verſer
aux Indes l'argent que l'Amérique envoye chez nous ;
de l'autre les Colonies agricoles de l'Angleterre , qui
faiſant chaque jour des progrès , créent des richeſſes qui
ſe reverſent en Europe par la Métropole , & contreba-
lancent les mines du Pérou.

( 14 ) Il eſt à remarquer que l'accroiſſement de la population , de la conſommation & des richeſſes ( qui
marchent toujours d'un pas égal à la ſuite de la liberté
du Commerce ) pourra faire remonter aſſez rapidement

Voyons par un Tableau resumé dans le goût de celui du Chapitre précédent, quel sera l'éffet de cette variation.

*ÉTAT du prix qu'aurait le Bled en France, conformément aux éffets que produit l'exportation en Angleterre.*

| ANNÉES | SEPTIER par Arpent. | PRIX du Septier. | TOTAL par Arpent. |
|---|---|---|---|
| Abondantes | . . 7 . . . | . . 16 liv. | . 112 liv. |
| Bonnes . . . | . . 6 . . . | . . 17 . . . | . 102 |
| Médiocres. | . . 5 . . . | . . 18 . . | . 90 |
| Faibles . . . | . . 4 . . . | . . 19 . . | . 76 |
| Mauvaifes . | . . 3 . . . | . . 20 . . | . 60 |
| TOTAL . . | . . 25 fept. | . . 90 liv. | . 440 liv. |

*Prix commun de l'Acheteur.*

3 Septiers de bled par an , c'est 15

le prix commun du marché général au taux où il est aujourd'hui, & l'on sent quel prodigieux éffet cette observation ferait dans notre calcul, mais nous ne parlons que du moment présent. Il faut laisser quelques combinaisons flatteuses à faire pour ceux qui viendront après nous.

feptiers en cinq ans , qui couteraient 3 fois 90 liv. ou 270 l. qui divifées par 15 donneraient 18 l. pour le prix de chaque feptier.

### Prix commun du Vendeur.

440 liv. produit total de 5 années , divifées par 25 feptiers , donneraient 17 l. 12 f. pour feptier ; ainfi le *prix commun du Vendeur* ne ferait que de 8 f. moindre que celui de l'Acheteur.

Le *prix commun fondamental* haufferait jufqu'à la petite marge de quelques fols de moins que le *prix commun du Vendeur*; c'eft-à-dire que le prix des baux & l'impôt territorial augmenteraient proportionnellement à l'accroiffement du *produit net*, & le *produit net* alors (comme on le voit par la Table du Chapitre 2) ferait de 1, 425 liv. qui n'eft au plus aujourd'hui que de 600 liv.

Oh ! certainement à préfent tout eft dit : & je bornerais ici cet Ouvrage , fi je ne fçavais que les hommes jettent toujours un regard de complaifance fur l'inventaire de leurs richeffes.

C iv

# CHAPITRE V.

### DE l'Accroissement de l'Agriculture & des revenus , fruit de la liberté absolue du commerce des Grains.

IL est clair que si la liberté absolue & irrévocable de l'exportation & de l'importation des grains, qui établira chez nous le *prix commun* & peu variable du *marché général*, porte à 1425 livres le *produit net* d'une charrue , évalué à présent à 600 livres ; cet éffet répandu proportionnellement sur toutes les charrues du Royaume qui donnent un *produit net* d'environ 164 millions, sur lequel le revenu du Roi ne pourrait être que de 47 millions au plus ; (15) cet éffet, dis-je, ( sans

_____

(15) Il s'en faut beaucoup que le revenu royal monte à cette somme ; cela serait, si la dixme était proportionnelle au revenu , ainsi qu'il est de l'éssence de toute imposition non déstructive : mais la dixme se levant sur la réproduction totale , devient une imposition irréguliere qui , l'un portant l'autre (vû le prix où sont au-

accroiffement & fans amélioration aucune de culture ) ferait monter le revenu de la nôtre en grains, à 389 millions 500 mille livres, & par conféquent la quote-part de l'Etat deviendrait d'elle-même cent onze millions de revenu fur les grains feulement. Cela vaut déja bien la peine qu'on y penfe : mais ceux qui borneraient là leurs idées feraient éxorbitamment loin de la vérité. Cet immenfe accroiffement de *produit net* multipliera par-tout des améliorations, des augmentations, des créations de culture, qui donneront auffi de nouveaux revenus dont la racine ( c'eft-à-dire, les richeffes meres & productives) n'éxifte pas même aujourd'hui. Cela eft fimple & facile à concevoir ; il ne faut encore que regarder pour s'en convaincre. L'inftant qui, donnant la liberté au Commerce, accroîtra la *valeur vénale* des

---

jourd'hui les bleds en France ) enlève le tiers du *produit net* au détriment du revenu royal & de celui des propriétaires ; ce qui réduit l'impôt territorial fur les grains à trente-huit millions feulement.

grains, en assurera l'uniformité, & répondra par conséquent de l'augmentation de tous les revenus, ne dissoudra cependant aucun des engagemens déja contractés, & ne rompra point les conventions faites en raison de l'état actuel des choses : les Baux subsistans ne souffriront nul changement jusqu'à leur échéance. Ces baux sont faits pour neuf ans : or comme il en expire & s'en renouvelle à peu-près un nombre égal tous les ans, il résulte de-là que les Propriétaires & l'impôt ne participeront dans la premiere année de liberté qu'à la neuviéme partie de l'augmentation des revenus, le reste de cette augmentation demeurera entre les mains des Cultivateurs qui en accroîtront leurs avances, & l'employant en dépenses productives, multiplieront leurs entreprises, ou amélioreront leur culture ; ce qui donnera de toutes parts des additions de *produits nets*, qui grossiront sans cesse la masse des richesses de la Nation & de l'Etat. A la seconde année, les deux neuviémes de l'augmentation des revenus feront paffés entre les mains des Propriétaires, (16) & contribuables à l'Impôt; les fept autres neuviémes tourneront encore au profit de la culture. Dans la troifiéme année, le tiers ou les trois neuviémes de l'accroît fera revenu aux Propriétaires; & les fix neuviémes reftans confacrés de nouveau à la multiplication des Richeffes. Et ainfi jufqu'à la neuviéme année, où tous les Baux étant renouvellés, la culture ne recevra plus d'augmentation que par l'accroiffement des dépenfes & de la confommation.

Ces vérités claires, mais vagues & indéterminées ici, fe foumettent à l'évaluation la plus ftriéte, & à la démonftration la plus fcrupuleufe, comme on le verra par le tableau ci-joint; car il eft bon de voir, cela épargne au leéteur une

---

(16) Je crois inutile d'avertir les Leéteurs fenfés, que quand je dis les propriétaires, il ne s'agit ni de tel, ni de tel, mais de la totalité des propriétaires de la Nation.

tenfion d'efprit fatiguante , & à l'Auteur
de longs raifonnemens toujours inutiles
quand ils ne portent pas fur des faits.

Tout eft de fait dans le calcul que nous
allons placer ici ; nous fçavons par la
Table ci-deffus,(chap. 2.) Table fondée fur
les évaluations des Laboureurs, feuls Juges-
Experts en cette partie;nous fçavons,dis-je,
quels font les *produits nets*, & les *reprifes* ou
frais de la culture, fuivant les différens prix
du feptier de bled ; nous fçavons par ces
mêmes évaluations quelle eft la proportion
des avances primitives aux avances annuelles ; nous fçavons encore, de fcience
certaine, que tous les baux éxiftans feront
expirés d'ici à neuf années; nous fçavons
que ceux qui fe recontracteront à mefure , le feront felon les circonftances
actuelles alors, & que la concurrence des
Fermiers affurera la rentrée de l'accroît
du *produit net* aux Propriétaires & à
l'Impôt. Nous avons donc tous les élé-
mens nécéffaires pour faire ce calcul; &
dans la feule chofe qui peut avoir l'air

d'une conjecture, nous avons soin de nous tenir si fort au-dessous de la vraisemblance, que nous ne craignons nullement d'être taxés d'exagération.

Nous supposons donc, que dans la premiere année de liberté, le *prix commun du vendeur* de nos grains n'aura encore reçû qu'environ la moitié de l'accroissement qu'un commerce bien établi lui assurera dans la suite, & qu'il faudra six ans pour l'amener par une progréssion géométrique, au véritable *prix du marché général*. On conçoit que si cette supposition n'est pas sans fondement, du moins elle est peu ménagée. Bien des gens trouveront sans doute difficile à croire qu'entrant en concurrence avec des peuples accoutumés à vendre leurs bleds 21 & 22 livres le septier dans les marchés de l'Europe, nous ne puissions obtenir des nôtres que 15 livres 14 sols ; mais il faut s'imaginer que nos Concurrens ont leurs correspondances établies, tandis qu'il faudra former les nôtres, & que nos Marchands, peu accoutumés à la manœuvre de ce commerce, perdront dans les commencemens une partie du prix de la denrée en faux frais. Dailleurs, en tout j'aime à calculer bas & à mon défavantage, cela évite le défagrément de reculer; fans compter que dans la matiere dont il s'agit, la force des chofes & de la vérité parle affez haut, & le profit d'un commerce libre eft affez grand, pour que 20, 30, 40 millions de plus ou de moins fur la totalité des revenus du Royaume, deviennent un objet de nulle confidération.

Que nos Lecteurs regardent donc le tableau qui termine ce Chapitre, & qui exprime la marche de l'accroiffement des revenus & de la culture, pendant les neuf années nécéffaires pour le renouvellement entier des Baux.

Ce Tableau a été fait avec la plus grande attention; que les Calculateurs l'épluchent, le péfent & le jugent, c'eft leur droit; mais que ceux qui ne fçavent ou ne veulent point compter, ne s'avifent pas de nous contredire.

# TABLEAU

DE l'éffet de la liberté du Commerce extérieur des Grains, par rapport à l'accroissement de l'Agriculture & du Revenu, pendant le tems nécessaire pour renouveller tous les Baux ; en supposant que la liberté ne produise dans l'abord qu'environ la moitié du bien que l'on en espère, & qu'il faille six ans pour établir en France ce Commerce dans tous ses avantages, & encore en supposant que la Culture aye toujours à supporter le contre-coup des charges indirectes qui retombent au double sur le Revenu.

| | PRIX du Septier. | REPRISES du Laboureur sur chaque Septier. | Reproduction totale. | PRODUIT NET. | AVANCES PRIMITIVES, Qui augmentent chaque jour par l'accroît des richesses productives, mentionné en l'autre part. | AVANCES ANNUELLES. | RAPPORT du PRODUIT NET aux AVANCES annuelles. | ACCROIT TOTAL du PRODUIT net. | qui se partage entre | L'ACCROIT DU REVENU des Propriétaires, du ROI & des Décimateurs. | L'ACCROIT des AVANCES primitives. | ET L'ACCROIT des AVANCES annuelles. | PRODUIT NET NOUVEAU causé PAR L'ACCROIT DES AVANCES PRODUCTIVES, selon le rapport où la Culture est dans l'année. | REVENU A PARTAGER entre les Propriétaires, le ROI & les Décimateurs. |
|---|---|---|---|---|---|---|---|---|---|---|---|---|---|---|
| Etat actuel. | 13 10 | 11 5 | 3,600 | 600 | 10,000 | 2,000 | 30 p. | | | | | | | 600 0 |
| 1re Année de Paix. | 15 14 | 11 12 4 | 4,054 | 1,054 | 10,000 | 2,000 | 52 p. | 454 | | 50 8 | 322 18 | 80 14 | | 650 8 |
| 2e. Année. | 16 15 | 11 15 10 | 4,402 | 1,281 | 10,323 | 2,081 | 63 p. | 681 | | 151 6 | 423 12 | 106 2 | ..19 7 | 751 6 |
| 3e. Année. | 17 5 | 11 17 6 | 4,961 | 1,484 | 10,706 | 2,187 | 67 p. | 884 | | 294 13 | 471 8 | 117 19 | ..126 15 | 894 13 |
| 4e. Année. | 17 9 | 11 18 2 | 5,265 | 1,608 | 11,217 | 2,304 | 69 p. | 1,008 | qui se partage entre | 448 0 | 448 0 | 112 0 | ..212 14 | 1,048 0 |
| 5e. Année. | 17 11 | 11 18 6 | 5,532 | 1,791 | 11,665 | 2,416 | 70 p. | 1,108 | | 615 10 | 394 0 | 98 0 | ..193 17 | 1,215 10 |
| 6e. Année. | 17 12 | 11 18 8 | 5,763 | 1,791 | 12,059 | 2,515 | 71 p. | 1,191 | | 794 0 | 317 12 | 79 8 | ..166 19 | 1,394 0 |
| 7e. Année. | Idem. | Idem. | 5,938 | 1,847 | 12,377 | 2,594 | Idem. | 1,247 | | 969 17 | 221 12 | 55 11 | ..423 10 | 1,569 17 |
| 8e. Année. | Idem. | Idem. | 6,061 | 1,887 | 12,599 | 2,650 | Idem. | 1,287 | | 1,144 0 | 114 8 | 28 12 | ..463 1 | 1,744 0 |
| 9e. Année. | Idem. | Idem. | 6,124 | 1,907 | 12,713 | 2,678 | Idem. | 1,307 | | 1,307 0 | 0 0 | 0 0 | ..483 8 | 1,907 0 |

VOTA..

Iº. On auroit pû conduire ce calcul jusqu'à la quinzième année, parce que les Baux refaits durant les six premieres années, où le prix des Bleds n'a pas encore pris tout son accroissement, donnent aux Fermiers un bénéfice qui ne sera rentré aux Propriétaires que depuis la dixième jusqu'à la quinzième année ; & qui, dans cet intervalle, procurera un accroissement de richesses productives qui n'est point entré dans ce Compte-ci. Si on l'y avoit fait entrer, le revenu seroit monté à environ 2200 livres, ce qui, sur toute la Culture en Grains du Royaume, auroit accru les richesses productives ou d'exploitation de 285 millions, & auroit donné, par ce moyen, une réproduction annuelle de 125 millions, dont près de 41 millions de produit net ou revenu : mais on a passé ce bénéfice pour la dépense en réparations des biens-fonds dégradés, reconstructions de bâtimens, &c.

Il est à remarquer, par rapport à cette dépense, qu'elle sera moins considérable, relativement à notre calcul, qu'on ne le croiroit au premier coup d'œil, attendu que les Pays qui en ont le plus grand besoin, sont ceux exploités en petite culture : or l'accroît du revenu soustrait tous les ans des richesses productives en faveur des Propriétaires dans les lieux où les terres sont affermées, ne le sera point, & tournera directement au profit de l'exploitation dans les Pays de petite culture, où le Propriétaire fait lui-même les avances.

IIº. On a affecté de porter ce calcul au-dessous de toutes les évaluations reçues, afin d'être d'autant plus au-dessus de toute contradiction. Il est d'usage dans les calculs économiques, de compter 18 livres le septier de Bled, prix commun du Vendeur, pour le tems de liberté ; ce qui suppose le prix commun du Marché à 18 livres quelques sols : dans ce cas, la culture rapporteroit 75 de produit net pour 100 d'avances annuelles, en supposant, comme dans ce Tableau, la continuité des charges indirectes que supportent les avances de la culture, & 100 pour 100 si toutes les dépenses qui ne font pas d'exploitation, de travail & de consommation, étoient prises pour une part désignée à cet usage dans le revenu, part qui seroit conséquemment proportionnelle au revenu.

*Par rapport aux charges indirectes que supportent les avances productives au détriment de la réproduction & du revenu, voyez la Note 6, page 16, & la Note 17, page 17.*

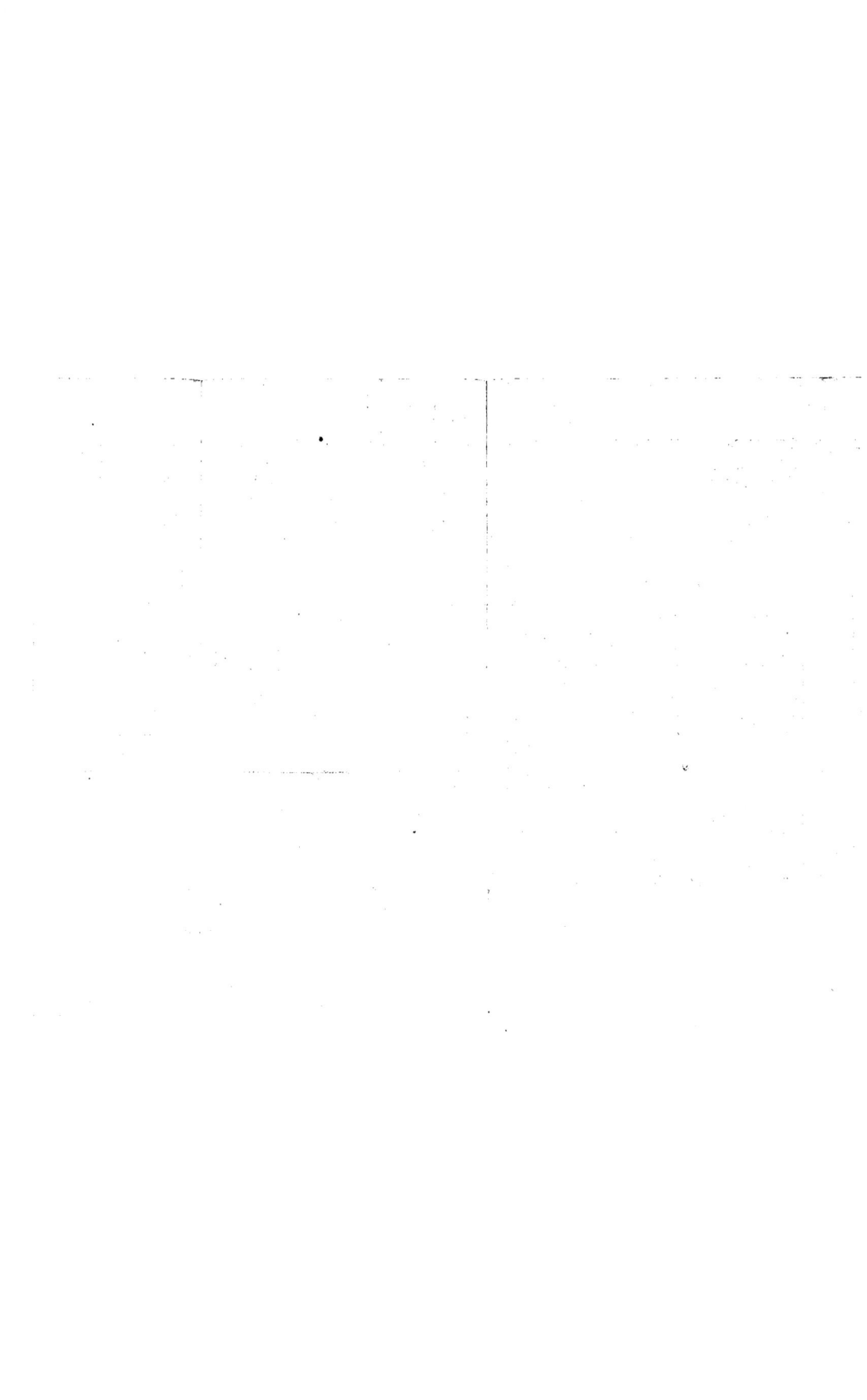

# CHAPITRE VI.

## CONTINUATION du précédent.

IL paraît fans replique, par le Tableau que l'on vient de voir, qu'un revenu de 600 liv. fera porté dans neuf ans à 1,907 livres, moyennant l'irrévocable liberté du commerce extérieur des bleds. Il eft donc fenfible que le revenu total de la culture des Grains, évalué aujourd'hui 164 millions, fera alors de 536 millions. Le Roi, jouiffant des deux feptiémes de ce revenu, (17) aura tous les ans 153 millions à recevoir fur les feuls produits de la charrue. Cela paraît beaucoup peut-

---

(17) . . . . . . . .
. . . . . . . .
. . . . . .

It y avait ici une Note importante qui a été fupprimée par l'Auteur. On la retrouverait de même que les autres lacunes du Chapitre 3, dans les Mémoires fecrets de la Société Royale d'Agriculture de Soiffons.

être, aux gens qui n'ont jamais envifagé
que les faibles revenus d'une nation livrée
aux défordres du fyftême prohibitif & du
prix vil & variable ; il y a cependant bien
plus encore. Nous avons d'autres cultures
que celle des grains,(*)nous en avons même

(*) La culture fe tourne toujours du côté où elle eft
le plus profitable, en vertu de la tendance que le Ciel
a donnée aux hommes vers leur intérêt, chacun veut
cultiver la chofe fur laquelle il a vu fon voifin faire un
grand bénéfice. Augmenter la valeur d'une denrée, c'eft
donc en affurer la multiplication, donner la liberté entiere, abfolue & irrévocable de l'Exportation & de l'Importation des Grains, liberté qui accroîtra le prix commun des nôtres, c'eft donc nous affurer un préfervatif
contre la difette ; *cherté foifonne*. Mais lorfqu'une efpéce
de culture s'étend aux dépens des autres, la production
de ces autres devenue plus rare augmente de prix, ce
qui ranime le genre de culture que l'on allait négliger,
& ce qui maintient l'équilibre. La compenfation de l'emploi des terres fuivra donc toujours celle du prix des
différentes productions du territoire ; le tout pefé à la
fcrupuleufe balance de l'intérêt perfonnel & particulier,
balance qui n'eft point fujette à l'erreur, parce qu'elle
eft d'inftitution divine, balance qui examinée avec réfléxion & de près, fe trouve (quoi qu'en difent les Rhé-
teurs) exactement & intimement liée à celle de l'intérêt
public. Car l'intérêt public n'eft autre chofe finon que

pour lesquelles nous sommes plus privilé-
giés de la nature; (tels sont les vins &c). Or
tout est lié, tout se tient sur la terre, tout a
des chaînes secrettes, gages de la bonté divine, & par une influence aussi rapide que
le feu électrique, lorsque la richesse se répand sur une branche de culture, toutes
les autres en ressentent la commotion.

---

la Nation soit riche & heureuse, qu'elle ait de gros revenus, qui puissent toujours fournir à tous ses besoins,
& donner en sus une part suffisante pour le maintien du
Gouvernement, pour l'entretien de la défense au-dehors,
& de la police au-dedans. Or pour que la Nation ait de
grands revenus, il faut que chaque citoyen travaille à
reproduire & à multiplier les siens de la maniere qui lui
paraîtra le plus convenable, & celle qui lui paraîtra le
plus convenable sera toujours celle qui lui rapportera le
plus. Peu importe à l'Etat que son territoire produise du
bled, du vin, du chanvre, ou du bois; la seule chose
qui l'intéresse, est d'avoir beaucoup de revenu par la
vente de ses productions, soit dans l'intérieur, soit à
l'étranger; avec cela on se pourvoit de tout. Si dans les
marchés de l'Europe la cigue se vendait plus cher & mieux
que le bled, il n'y a point de doute que ce serait de la cigue & non des grains que l'on cultiverait, & qu'il faudrait
cultiver; car avec l'argent qui en reviendrait, on ache-
terait du bled & encore autre chose.

Une augmentation considérable de richesses nationales, c'est-à-dire, de plus gros revenus pour les Riches, & conséquemment de plus grands salaires pour les pauvres, ne sont autre chose qu'une faculté universellement plus grande de tout acheter, & de se pourvoir de vin, de viande, de bois, &c. d'où naîtra une plus forte consommation, qui aménera indispensablement un accroissement de *valeur vénale*, parce que toute marchandise renchérit en raison de la quantité & sur-tout de la richesse des Acheteurs.

Or un accroissement de valeur vénale sur toutes ces denrées ne produira pas un effet différent de celui que nous venons d'en voir naître par rapport aux Grains. Toute culture a ses *reprises*, ou ses frais indispensables, & son *produit net*; en haussant le prix de la denrée, on augmente un peu les *reprises* & beaucoup le *produit net*: cela est général sur quelque chose que ce soit. On estime que le revenu de ces autres genres de biens, évalué aujourd'hui à environ 244 millions, ferait au moins doublé par l'influence de la richeffe, fruit de la liberté du commerce des Grains. Le total des revenus de la Nation ferait donc au bout de neuf années monté à un milliard, vingt-quatre millions, qui donneraient au Roi un revenu direct d'environ 300 millions levés prefque fans frais.

Il eft à remarquer que, comme nous l'avons déja dit, tous ces calculs fuppofent la continuité des impofitions indirectes, qui retombent au double fur le revenu, & auxquelles la nécéffité des circonftances oblige aujourd'hui le Gouvernement. Mais à mefure que les revenus de la Nation & de l'Etat augmenteraient, cette nécéffité diminuerait ce qui redrefferait la marche des chofes, & donnerait lieu à un calcul tout différent, dont le réfultat ferait d'environ deux milliards de revenu pour la Nation, & plus de cinq cens millions pour le Roi. (18)

_____

(18) Pour produire tous ces éffets, il n'eft pas néceffaire que nous vendions un feul muid de bled à l'é-

Ces notions élémentaires suffisent pour rendre moins étonnans , & pour faire concevoir les progrès rapides du rétablissement du Royaume sous l'administration de M. de Sully : (19) & l'on voit par elles

---

tranger, il suffit que nous ayons la liberté de le faire & d'acheter les siens ; liberté qui nous assure la participation au *prix commun du marché général* & à tous ses avantages.

(19) Tout le monde sçait combien M. le Duc de Sully favorisa la liberté du commerce des Grains. Il changea là-dessus le système du Gouvernement. Avant qu'il eût la direction des affaires, le 4 Mars 1595, on avait encore rendu une Ordonnance prohibitive ; mais il parvint aisément à convaincre Henri IV des avantages de la liberté. Rien ne le prouve mieux que deux Lettres de ce Monarque , adressées dans le même jour à M. de Sully , au sujet d'un Traité fait avec l'Espagne. Nous ne nous refuserons point à la satisfaction de placer ici ces deux Lettres, on y verra quelle était la façon de penser du Roi , & avec quelle bonté il veillait aux intérêts de ses Sujets. Tout ce qui vient de ce grand Prince est en droit d'exciter notre attendrissement, & c'est avec les larmes du respect & de l'amour que je vais transcrire ses expressions.

*Mon Cousin , je suis bien-aise que vous ayez conclud & arresté avec le Cardinal Bufalo, l'Ambassadeur d'Espagne & le Sénateur de Milan, le Traité dont je vous avois*

que les mines du Pérou font fous nos pieds. Oui, elles y font ; car jamais les

---

*donné charge pour le rétabliffement du Commerce, je fuis bien de votre advis qu'il eft néceffaire d'avoir la ratiffication d'Efpagne avant que faire la publication : mais cependant parce que je fçais que c'eft chofe qui eft fort defirée de mes Subjets, vous leur ferez entendre aux lieux que vous jugerez le plus néceffaire, que dès-à-préfent je leur accorde la per*miffion de faire tranfporter des bleds, fans les affubjettir à prendre aucuns paffeports *ni autre fefireté que les advis que vous leur donnerez de ma volonté, réfervant à leur donner la liberté entiere des autres marchandifes, lorfque la ratiffication eftant venue d'Efpagne, je vous ordonnerai de faire faire 'a publication générale dudiet Traiété ; & n'eftant la préfente à autre fin, je prie Dieu qu'il vous ait, mon Coufin, en fa fainéte garde. Efcrit à Fontainebleau le 17 Oétobre 1604.* HENRY.

Voici la feconde de ces Lettres pour le même fujet.

*Mon Coufin, vous fçavez mieux que nul autre, puifque c'eft vous qui l'avez fait, comme le Traiété pour la liberté du Commerce ayant efté conclu & réfolu, la publication n'en a efté différée que pour attendre la ratiffication qui en doit venir d'Efpagne ; mais cependant, parce que je fçais que c'eft chofe qui eft fort defirée de mes Subjets, & qui leur eft importante & commode, j'ai eftimé que le retardement de la publication ne debvoit point retarder de leur donner cette confolation de leur faire fçavoir ce qui s'en eft paffé ; & encore de leur permettre dès-maintenant de le pouvoir éxé*

métaux qui en viennent ne paſſeront qu'à
ceux qui auront des richeſſes à donner

---

*cuter, pourvû que ce ſoit* pour les bleds *ſeulement : pour
cette occaſion vous leur ferez ſçavoir ce que deſſus ; &
comme de cette heure la* permiſſion leur eſt par moi accordée pour le tranſport deſdits bleds *, ſans les abſtraindre
à* prendre aucun paſſeport *ni autre ſeûreté que cette déclaration que vous leur ferez de ma volonté, leur ordonnant
néantmoins de différer le tranſport des autres denrées juſqu'après que ladicte publication aura été faite ; & n'eſtant la
préſente à autre fin, je prie Dieu, mon Couſin, vous avoir
en ſa ſaincte garde. Eſcrit à Fontainebleau ce dix-ſeptiéme
jour d'Octobre mil ſix cent quatre.* HENRY.

Dans cette même année 1604, le Parlement de Tou-
louſe rendit un Arrêt qui défendait l'exportation des
Grains. M. de Sully en écrivit ſur le champ au Roi,
comme d'un fait attentatoire à ſon autorité & au bonheur
de ſes peuples, & le Roi fit caſſer l'Arrêt du Parlement.

Nonobſtant cet éxemple, le Juge de Saumur s'aviſa
de réitérer en 1607 la défenſe de tranſporter les bleds
hors du Royaume. M. de Sully non-ſeulement fit caſſer
la Sentence, mais fit decréter d'ajournement perſonnel
les Officiers de Juſtice qui l'avaient rendue.

Tous ces faits ſont de notoriété publique ; le rétabliſ-
ſement de l'Agriculture, le bonheur de la Nation, la
richeſſe & la puiſſance du Monarque, en furent les
conſéquences nécéſſaires & rapides. Au reſte il ne faut
pas inférer des expréſhons dont je me ſers ici, que M.
le Duc de Sully eût une connaiſſance détaillée de la

en échange , & si les richesses croissent dans nos champs, que nous importe qui aille en Amérique & aux Indes ? ce- se ront toujours nos Commissionnaires.

---

science & des calculs œconomiques , il en ignorait la marche , & s'égarait quelquefois ; ( l'interdiction du Commerce qui avait donné sujet aux deux Lettres de Henri le Grand , que nous venons de citer , en est la preuve ) mais la force de son génie le redressait & lui en faisait voir les résultats.

Dans le fait cette science utile & profonde est nouvelle ; l'illustre & sage Vauban , le patriote Abbé de S. Pierre n'en avaient aucune idée ; cette découverte , qui immortalisera notre siécle aux yeux de la reconnaissante Postérité , est due à un homme d'un génie sublime & perçant , qui s'est acharné à observer la marche de la nature , qui a vû que ses opérations suivaient des loix invariables , & qui a imaginé une formule de calcul propre à les exprimer dans tous les cas. La lumiere universelle est née de cette ingénieuse invention , qui vaudra à celui qui l'a faite la premiere place peut-être dans la liste des bienfaiteurs du genre humain.

# CHAPITRE VII.

*OBJECTION : Réponse ; Avantage pour le bas Peuple dans l'augmentation des salaires.*

JUSQU'A préfent voilà qui va bien ; nous voyons clairement, fans raifon-nemens pénibles, & par la feule infpeétion des faits, que l'entiere & irrévocable liberté du Commerce extérieur des Grains ferait beaucoup plus que tripler les re-venus de la Nation & de l'Etat. *Mais*, crieront les contradiéteurs citadins, *tous ces calculs ne font fondés que fur le ren-chériffement des bleds, & par conféquent du pain ; le Peuple eft déja fi pauvre, que pour peu que le pain renchériffe, il ne pourra y atteindre. Au lieu que la prohi-bition tend à entretenir l'abondance dans le Royaume, ce qui foutient le bas prix plus à la portée des pauvres gens.*

Ah ! revenons fur nos pas, & éxaminons cette objéction, quoique déja fort ufée, car il eft inconteftable qu'il ne faut pas faire de la peine aux *pauvres gens.*

1°. *Que nos calculs ne foyent fondés que fur l'augmentation du prix des bleds,* cela n'eft pas vrai. Car ils font auffi fondés fur le peu de variation de ce prix; & les variations font telles aujourd'hui, qu'il y a trente fols de perte pour les revenus de la Nation fur chaque feptier de bled, lefquels 30 fols ne tournent point au profit du confommateur, qui achéte le bled 15 livres, lorfque le Laboureur ne le vend que 13 livres 10 fols. De forte qu'en rapprochant feulement les deux prix, ce que fera la liberté du commerce extérieur, on augmentera de moitié tous les revenus fans renchérir aucunement le pain.

2°. *Que la prohibition tende à entretenir l'abondance dans le Royaume;* c'eft ce que j'ignore & qui m'importe peu; je fçais bien feulement qu'elle n'y eft pas propre. Et de ceci il y a preuve de fait, car sous Henri IV nous avions une grande quantité de grains à vendre à l'Etranger, tandis qu'à préfent nous fommes fujets à des difettes affez fréquentes nonobftant la prohibition ; ( 20 ) & l'Angleterre qui n'avait pas de récoltes fuffifantes, avant de favorifer par des récompenfes l'exportation des grains, en a de furabondantes

---

(20) L'Auteur d'une Brochure nouvelle, qui a cru difculper M. de Colbert de n'avoir point affez favorifé le commerce des Grains, en citant une longue fuite d'Arrêts du Confeil, les uns contenant des permiffions paffageres, particulieres & à tems préfix, les autres décidément prohibitifs ; ajoute que *fi l'on veut bien faire attention que dans ce tems-là la France étoit le feul magafin de l'Europe, on conviendra que rien n'étoit plus fage que ces précautions prohibitives, paffageres.... mais qu'elles feroient déplacées aujourd'hui .... que l'Angleterre & le Nord* lui difputent cet avantage.

Je ne vois là-dedans qu'une vérité claire, c'eft que la France était alors le feul magafin de l'Europe ; mais que depuis l'on a fi heureufement ufé de *ces fages précautions prohibitives*, qu'elle ne l'eft plus & ne le fera jamais. *Ah!* dirait Jeremie, *videbant inimici malum meum & gaudebant, quis ad lacrymandum oculos dabit mihi?*

aujourd'hui, parce que rien n'encourage
une forte culture comme un débit avantageux. Mais lorfque, dans un Pays fermé
par des Loix prohibitives, le Laboureur
eft écrafé fous le poids d'une récolte abondante, dont il ne fçait que faire & qui
ne rembourfe pas fes frais; lorfqu'il n'a
point d'argent pour payer fon Propriétaire & la Taille; lorfque redoutant de
fe trouver dans le même cas, il ne laboure
que fes meilleures terres, néglige les
autres, épargne le travail & les façons;
lorfque méprifant une denrée avilie, il la
garde fans foin, la gafpille, & en nourrit
fes beftiaux; lorfqu'enfuite le Gouvernement entraîné par la nécéffité, étourdi par
les plaintes des Propriétaires, & preffé par
la difficulté de lever les impôts, accorde
une permiffion paffagére d'exporter après
que la *mifére de l'abondance* a déja fixé
les grains au plus bas prix; lorfque des
Cultivateurs affamés d'argent, craignant
de laiffer paffer le moment de liberté,
craignant que la permiffion donnée au-

jourd'hui ne foit révoquée demain, fe hâtent de vendre aux premiers *offreurs* ; il arrive que le Royaume s'éffruite réellement , & que la récolte venant enfuite mal préparée , mauvaife , infuffifante , & l'Etranger fe fouciant peu d'envoyer des denrées dans un pays d'où on ne les laiffe point reffortir en cas de *non débit* , il eft de nécéffité que la famine foit partout. C'eft ainfi que la prohibition entretient l'abondance.

3°. *La prohibition ne foutient pas plus le bas prix* qu'elle ne fait *l'abondance.* Nous avons vû que les prix du bled dans un Royaume où il y a prohibition variaient depuis moins de 10 , jufqu'à plus de 25 livres le feptier ; & rien n'eft plus nuifible à la fubfiftance des peuples. Car il doit y avoir une relation indifpenfable entre la valeur des denrées & le prix des journées , puifque le but de celui-ci eft de procurer au journalier le moyen de fubvenir à fes befoins : or chacun arrangeant à peu près fa dépenfe fur fon gain , felon

le prix moyen des denrées ; fi elles viennent à hauffer tout-à-coup, comme cela
arrive dans un pays de défordre & de
prohibition, toutes les combinaifons des
*pauvres gens* font anéanties ; il ne fe trouve
plus de proportion entre les falaires & les
dépenfes alimentaires des ouvriers ; leur
gain ne fuffit plus à leur fubfiftance ; la
miſére devient fubite, générale, & dé-
vore le territoire & les habitans. Mais un
pays qui, laiffant la plus grande liberté au
commerce extérieur des productions du
crû, eft toujours fûr de participer au *prix*
*commun du marché général*, n'eft point
fujet à ces triftes fecouffes ; la valeur des
denrées n'y éprouve que de lentes & faibles variations ; le pain ne s'y mange
jamais plus cher que chez les autres
Peuples ; & comme je viens de le dire,
chacun y proportionnant fa dépenfe à fon
gain, eft fûr d'y vivre fans révolutions &
fans malheurs.

*L'abondance*, nous dit-on en quatriéme
lieu, *caufe le bas prix plus à la portée des*

*pauvres gens d'entre le peuple.* (21) C'eſt ce qu'il faut voir ; quant à moi j'ai rencontré ſouvent force honnêtes & véritablement *pauvres gens* de ce peuple , qui demandaient l'aumône en lieux où ſûrement il ne manquait ni bled ni pain , & où même il n'était pas à un prix exhorbitant : mais à quelque prix qu'il fût, ils n'avaient point d'argent pour en acheter.

L'argent, c'eſt donc la principale affaire ; c'eſt la condition *fine quâ non.* Et d'où vos pauvres en tireront-ils , quand la plus grande partie des propriétaires, réduits à la ſubſiſtance , ne pourront leur donner d'ouvrage , faute d'avoir eux-

---

(21) Si cela était vrai , nous verrions les *pauvres gens* courir en foule dans les cantons où les denrées ſont à bas prix. Tout au contraire , nous voyons les Montagnards de l'Auvergne & du Limouſin , quitter leur pays pour venir à Paris chercher des denrées ſix fois plus cheres. Cela vient de ce qu'à Paris ils trouvent des ſalaires , au lieu que dans leurs villages miſérables tout eſt à trop vil prix pour que les propriétaires ayent de l'argent à faire gagner à perſonne. Or les hommes *poſſédans bras* courent après les ſalaires comme les hirondelles après les mouches.

mêmes

mêmes de quoi payer les ouvriers ?....
Mais fi au contraire vous affurez' de l'argent aux propriétaires par l'augmentation
de leur revenu , vous ne faites que leur
procurer le moyen de faire une plus grande
dépenfe , & ils la feront ; (22) car le
revenu n'eft bon que pour en jouir, &
l'on n'en peut jouir qu'au profit des autres hommes. Il s'en faut beaucoup , que
la charge de confommateur foit auffi inutile qu'on le croirait au premier coup d'œil.
Ce font les confommateurs qui fervent de
chaîne à la fociété par le revenu qu'ils
verfent de toutes parts ; c'eft par le fecours de leur dépenfe que les hommes
qui ne poffédent que leurs bras acquié-
rent la faculté d'acheter du pain, de
la viande , & des habits : par cette dépenfe le revenu de la Nation fe divife
de mille manieres , de forte qu'il n'en

---

(22) Il eft inconteftable que tout l'argent des revenus
annuels d'une Nation fe dépenfe annuellement par les
propriétaires ; car un très-petit nombre d'entr'eux l'en-
ferme , mais aucun ne l'emporte après fa mort.

E

reste à chacun que sa consommation
personnelle, ( en quoi le riche différe peu
de celui dont il paye les travaux ou les
services dans l'emploi de ses dépenses )
ce qui fait à peu près en réalité le partage
que nous avons fait ailleurs en hypothèze
en cherchant quelle était la quote-part
d'un Citoyen (23).

Or , comme la liberté du Commerce
extérieur des grains triplera au moins le
revenu de la Nation , & ne pourra cependant tripler avec la même rapidité le nom-

---

(23) Il n'y a que le calcul qui puisse faire comprendre combien un écu de plus sur le prix du septier de bled,
ferait circuler de centaines de millions dans le Royaume.

Il est aisé cependant de sentir au premier coup d'œil,
que plus il y aura de revenu , plus il y aura de rétribution
ou de salaire pour les différentes classes de citoyens ;
plus il y aura de consommation & de débit pour toutes
les différentes productions du territoire ; plus les richesses & la circulation se multiplieront dans les Villes,
par les dépenses des grands propriétaires qui y résident ;
plus l'industrie , les Manufactures , le Commerce pros-
péreront ; plus il y aura de travail & d'aisance pour l'ouvrier journalier , & de secours pour l'infirme & l'indigent ; plus enfin il y aura de facilité pour le payement
des créanciers & des rentiers,

bre des *partageans* ce revenu, il arrivera
que la part de chacun fera plus forte ; ou
en d'autres termes, que les propriétaires
dépenfant tout leur revenu, lequel fera
triplé, & n'employant pas trois fois plus
de gagiftes, feront faire plus d'ouvrages ;
ce qui affurera des falaires à tout le monde,
& un plus fort falaire à chacun.

Alors quoique le pain foit un peu plus
cher il fera infiniment plus à la portée
des *pauvres gens* d'entre le peuple : parce
que tout ce peuple aura de l'argent, vû
qu'il aura des falaires & des falaires proportionnés au renchériffement de fa dépenfe. Et comme dans ce tems-là, il n'y
aura plus de difette de revenus qui né-
céffite la difette du travail, il fera peut-être
poffible de prendre un parti au fujet des
méndians : chofe très-difficile aujourd'hui,
parce que les uns le font par libertinage,
& les autres par une mifere réelle & for-
cée ; & l'une de ces deux efpèces de
pauvres eft auffi refpe&table, que l'autre
eft répréhenfible.

E ij

# CHAPITRE VIII.

*OBJECTION, Réponse. La liberté du Commerce des Grains occasionnera une diminution relative dans le prix des denrées, & notamment dans celui du pain.*

IL y a des gens qui ne comptent point, mais qui parlent : comme le nombre èn est assez considérable dans la Nation, voici un chapitre exprès pour eux.

Ces Messieurs pourraient faire des objections au sujet du chapitre précédent. *Quel profit*, nous diront-ils peut-être, *quel profit retirera-t-on du renchérissement des bleds, si ce renchérissement augmente le prix des salaires, & par conséquent celui des autres productions ; & même les frais de la culture du bled, des vignes, &c. en un mot tous les travaux des hommes, puisque la nourriture des hommes aura haussé de prix ? Nous ne gagnerons rien à l'augmentation de nos revenus, parce que nos denrées*

*prenant un accroiſſement proportionnel de*
*valeur; tout reviendra au même.*

Soit, je le veux bien pour un moment,
car je n'aime pas la diſpute. Mais voici
un fait, c'eſt que, quand le bled ne vaut
prix commun que onze livres le ſeptier le
Laboureur ne retire que ſes frais, & ne
peut payer aucun revenu. Il ne faut d'autre preuve de ce fait que la déciſion même
du Laboureur : car, comme nous l'avons
déja dit plus d'une fois, il eſt juge ſouve-
rain en cette partie, & pour avoir du
revenu, il eſt indiſpenſable qu'il veuille
& qu'il puiſſe en payer.

Or, ceci poſé, il s'enſuit du raiſonne-
ment de nos adverſaires que jamais le Laboureur ne pourra payer de revenu, car ſi
la valeur du bled augmente d'un ſixiéme,
les frais de culture, ſelon leur hypothèſe,
augmenteront auſſi d'un ſixiéme ; & l'accroiſſement de prix du bled ne lui fournira
point d'excédent par-delà ſes frais pour
payer le fermage, les impôts, &c. Il lui
ſerait de même très-indifférent que la va-

leur du bled baiffe d'un fixiéme, d'un tiers, ou de moitié, car les frais de culture baiffans à proportion, tout fera égal fuivant leur fyftême, & il vaudrait autant pour le cultivateur que le bled ne fût pas plus cher que l'eau qui eft pour le moins auffi précieufe; mais toujours point de revenu. Les Fermiers payent cependant un revenu aux Propriétaires en raifon du prix des bleds, ou laiffent les terres en friche (24).

*Mais, reprend-t-on, ce n'eft pas cela, vous ne nous entendés pas, il s'agit des Propriétaires eux-mêmes, qui recevant plus de revenu & achetant tout plus cher, & donnant comme vous venés de le démontrer,*

---

(24) Comme perfonne ne veut affermer fa terre pour n'en recevoir aucune location, quand il ne fe trouve plus de Fermiers qui veuillent s'affujettir à payer un revenu, il n'y a plus de baux. Cependant la terre n'eft pas encore abandonnée pour cela; le propriétaire aime mieux faire les avances, qu'il eft forcé de prendre en plus grande partie fur le fond même, faute d'argent, ce qui établit ainfi la *petite culture*. Culture languiffante & pauvre, qui peut fubfifter fans profit pour la Nation, tant qu'elle rend les frais.

*de plus forts falaires aux ouvriers qu'ils
employent, font bornés à la même quantité d'ouvrages & d'achats, que s'ils
avaient moins de revenu & tout à meilleur
marché.*

Bien, nous y voilà ; c'eft-à-dire, que
lorfque le bled fera à onze livres, &
que les Propriétaires n'auront ( d'après
la décifion du Laboureur ) aucun revenu, ils pourront, néanmoins employer autant d'ouvriers & faire autant
d'achats que fi leurs terres leur donnaient
du revenu. Car le raifonnement pouffé
jufques-là nous conduirait néceffairement
& *gradatim* à cette conclufion ridicule.
Encore le paradoxe doit-il s'étendre à
tous ceux qui ont leur travail ou des denrées de toute efpéce à vendre, aux rentiers
même ; car quoique les Laboureurs ne
pourraient payer aucun revenu au Roi
ni aux Propriétaires des terres, le Roi &
les Propriétaires pourraient payer auffi
bien & faire les mêmes achats, le débit
des denrées, les falaires & les arrérages.

des rentes (25) feraient également affurés.

Voilà une belle logique, & c'eft ainfi que l'on s'enferre quand fur des matiéres de calcul on veut décider & ne calculer point. J'efpére que nos contradicteurs fe dégouteront de cette méthode, & que ceux d'entre eux qui n'en font pas incapables, compteront & reviendront à notre compte : dès qu'ils voudront réfléchir, ils fentiront une fois pour toutes que plus les bleds feront à haut prix, & plus les Laboureurs pourront payer des revenus;

---

(25) Les rentes feront établies fur les brouillards des rivieres, dans tout pays où elles ne feront pas affurées par le revenu des biens-fonds. Ceux d'entre les Rentiers qui craignent d'acheter le bled plus cher, ne fçavent pas que la décadence des revenus & de l'impôt eft une fuite inévitable de la prohibition du commerce des Grains ; que par cette décadence leurs rentes commencent déja à envahir le revenu royal; que fi le fyftême prohibitif continuait, les revenus diminueraient au point de ne pouvoir fuffire à les payer. Ce qui, malgré toute la droiture du Gouvernement, forcerait l'Etat à une banqueroute auffi défefpérante pour un Prince équitable & bon, que défaftreufe pour ceux qui s'y trouveraient compris.

que plus le territoire donnera de revenu,
& que plus la Nation sera riche, plus le
Roi & les Propriétaires pourront dépenser
au profit de tous ; ils verront que tous
les Cultivateurs vivant sur les *reprises* du
Laboureur, ne pourront jamais endurer
la disette tant que ces *reprises* seront assu-
rées ; ils s'appercevront en même tems
que tout le reste de la société partage le
revenu ; puisque tous les hommes qui
composent ce reste sont ou Propriétaires
*possédans revenu*, ou Ecclésiastiques vivant
sur la dixme qui doit être une *portion du
revenu*, ou Gagistes de l'Etat subsistant
par des honoraires que fournit l'impôt
*autre part du revenu*, ou Artistes & Commerçans dont les salaires & les gains qui
les font vivre sont établis sur la *dépense
du revenu* faite par les Ecclésiastiques,
les Employés du Gouvernement & les
Propriétaires ; ils reconnaîtront que le
prix du pain étant augmenté d'un sixiéme,
tandis que la richesse publique & toutes
fortunes particulieres ont triplé, cette

augmentation qui les éffraye devient une diminution relative très-confidérable, & qui produit pour le peuple le même éffet que fi le pain était réellement baiffé des deux tiers, toutes autres chofes fubfiftant dans l'état actuel ; ils n'auront pas de peine à concevoir que fi la quote-part de chaque pere de famille eft l'un portant l'autre vingt fols par jour, quand le feptier de bled fe vend 15 livres, & que le pain par conféquent doit valoir 18 deniers ou fix liards la livre lorfque le feptier de bled fe vendra 18 livres, & par con-féquent la livre de pain 21 deniers ou 7 liards, (26) & que ce même pere de famille

(26) Le fon paye au moins la mouture du bled ; la feptier de Paris rend 180 liv. pefant de farine blutée, qui font 220 livres de pain ; l'ufage eft de faire trois fournées de fuite ; chacune contient environ 110 pains de quatre livres, produit de deux feptiers ; les frais de façon & cuiffon pour ces fix feptiers en trois fournées, font de 8 liv. 3 f. comptons 9 liv. & c'eft donner du large, cela fera 1 liv. 10 fols par feptier. Si l'on veut donc fçavoir quelle doit être la valeur du feptier de bled relativement à celle de la livre de pain, il faut multiplier le prix de

aura 3 livres par jour, ( ou telle autre augmentation de falaire qui fera toujours en raifon compofée du renchériffement des dépenfes & de l'augmentation des revenus.) Il ne lui prendra nulle envie de fe plaindre ; & ce peuple dont on paraît aujourd'hui vouloir embraffer la caufe, fera très-content de fon fort devenu réellement trois fois plus heureux.

---

cèlle-ci par 220, puis ôter 1 liv. 10 fols du produit de la multiplication, le refte fera la valeur du feptier, prix commun du marché, & vice verfa.

# CHAPITRE IX.

*AUTRE Objection, Réponse. L'accroisse-*
*ment de la population, sera encore une*
*conséquence de la liberté de l'exportation*
*& de l'inportation des Grains.*

LES Contradicteurs nous attaqueront
peut-être encore : *Vous ne réfléchissez*
*point*, diront-ils, *vous nous parlez sans*
*cesse d'accroissement de revenu, & puis*
*d'accroissement de réproduction ; si l'on vous*
*écoutoit, nous regorgerions bien-tôt de den-*
*rées de notre crû, & nous reviendrions au*
*cas que vous avez appellé la misére de l'a-*
*bondance : nous ne trouverions point à dé-*
*biter une si grande quantité de denrées, nous*
*n'en pouvons vendre que tant en Espagne,*
*tant en Italie, tant dans tel autre endroit ;*
*vous en auriez beaucoup de superflues dont*
*vous ne sçauriez absolument que faire : votre*
*entreprise périrait faute de débit, vous auriez*
*un grand fonds de boutique & point d'a-*
*cheteurs,* &c. &c. &c.

Cette objection n'eſt point une chi-
mére , elle ſe trouve dans des livres imprimés (27).

Je vais lui répondre par une hiſtoire.
» Je me promenais il y a quelque tems au
» Palais Royal, avec un homme de beau-
» coup d'eſprit & de ſens ; les moineaux
» marchaient ſur nos pas ; pourquoi, lui
» dis-je, voyons nous ici une prodigieuſe
» quantité de ces petits oiſeaux , tandis
» que l'autre jour à la chaſſe nous avons
» à peine rencontré deux ou trois ? Aux
» champs ils ſont libres en plein air , peu
» incommodés , peu fréquentés des hu-
» mains , pourquoi n'y ſont-ils pas pro-
» portionnément beaucoup plus nombreux
» que dans ce jardin , petit & renfermé ,
» où l'affluence du monde devrait les
» effrayer & les faire fuir ? pourquoi ?.....
» Pourquoi m'interrompit-t-il, regardez ;
» en effet , il me fit voir vers le caffé un
» homme qui leur jettait du pain : voici
» la raiſon , ajouta-t-il , ces oiſeaux trou-

---

(27) Voyez le Conſolateur.

» vent ici facilement & abondamment de
» quoi vivre, ils s'y raffemblent & y mul-
» tiplient ; dans les bois où leur pâture en
» moins bonne & plus difficile à rencon-
» trer, ils font plus rares. Sçachés, mon
» ami, & ne l'oubliés pas, que la *mefure de*
» *la fubfiftance fera toujours celle de la po-*
» *pulation.*

Reprenons un ton plus férieux, la plai-
fanterie indifpenfable contre de certaines
façons de raifonner, n'eft cependant
point dans mon caractère ; & je la hais
furtout dans des fujets qui importent au
bien de ma patrie, & plus encore au
bonheur de l'humanité.

*Nous aurons,* dit-on, *des denrées de notre*
*crû, fruits d'une réproduction trop abon-*
*dante, & que nous ne pourrons vendre à*
*l'Etranger ; qu'en ferons nous ?* Des hommes. Apprenez, raifonneurs Citadins, apprenez que dans un Etat riche & qui a
des revenus, les hommes fe fément dans
les champs, fe labourent & fe herfent
avec le bled qui doit les nourrir.

*La mifére de l'abondance* ne peut fe faire

fentir que dans les pays où les Propriétaires n'ont point de revenu, ou n'en ont
qu'un trop faible pour fournir des falaires
fuffifans à la claffe ouvriere ; ce qui force
chacun à refferrer fa confommation, au
détriment de l'agriculture qui ne débi-
tant pas fes produits eft obligée de diminuer
un revenu déja trop médiocre, & qui par
la continuation de cette trifte manœuvre
court à fon anéantiffement total.

Mais quand l'abondance eft née de
l'aifance univerfelle, & des reverfemens
confidérables que la claffe productive a
reçu par les dépenfes de la Société, il n'eft
jamais à craindre qu'elle foit trop grande ;
il arrive de tous côtés des hommes qui
viennent chercher des falaires & de l'aifance ; l'aifance fait naître de nouveaux
confommateurs qui contribuant à foutenir
le bon prix de la denrée, affurent, par-là
même, les revenus qui les mettent dans
le cas de la payer. (28)

---

(28) L'Agriculture eft fur terre l'*alpha* & l'*omega*, le
commencement & la fin de toute richeffe ; il n'y a rien

Lorsque le Laboureur ne retire que ses frais, il est clair que personne n'ayant de revenu pour payer sa denrée, la réproduction de la terre ne peut nourrir que lui & ses *compagnons Agriculteurs* qui font partie de ses frais : dès que la valeur vénale de la denrée lui donne le moyen de faire un petit revenu capable de fournir à la subsistance d'un seul Propriétaire, tout d'un coup l'argent de ce revenu qui ne paraît suffisant que pour un seul homme, ( étant dépensé par cet homme, qui ne peut ni le manger ni s'en habiller en nature, ) en fait vivre deux ; sçavoir le Propriétaire, & un de ces Travailleurs que j'ai appellé les *hommes possédans bras*, lequel a été employé pour la fabrication,

---

qui n'en vienne, & rien qui n'y retourne par un circuit plus ou moins long ; de sorte que la consommation du revenu qu'elle fournit sert à la soutenir.

Les Egyptiens, peuple cultivateur & ingénieux, représentaient la Divinité par l'image d'un serpent, qui mangeant le bout de sa queue formait un cercle. Ils avaient raison, c'était la peindre par l'Agriculture qui est le premier de ses bienfaits.

Je

le tranſport, la revente & des vêtemens
& uſtenciles conſommés par le Propriétaire. (29) Mais ſi le revenu augmente,
la dépenſe du Propriétaire devient plus
forte, le prix des ſalaires plus haut, d'où
ſuit une aiſance univerſelle, c'eſt-à-dire,
une conſommation généralement plus
conſidérable; cette conſommation comme
tout le monde ſçait, ( & comme nous
l'avons obſervé plus d'une fois ) cette conſommation a deux branches; l'une alimentaire, & celle-la néceſſite l'accroiſſement de l'agriculture, auquel eſt alors
attaché celui du revenu; l'autre *veſtiaire*
& de commodité, & celle-ci employant
plus de bras, leſquels ſont tous payés par
le moyen du revenu, entraîne un accroiſſement de population qui entretient celui

_____

(29) Quand je dis, & *un Travailleur*, les gens de bon
ſens comprennent bien que je n'ai pas intention de dire
que ce Propriétaire n'a fait travailler qu'un ſeul homme,
& l'a occupé entiérement; mais je prends la choſe dans
le réſultat : en effet, que je fourniſſe à vingt hommes,
à chacun un vingtiéme de ſa dépenſe, ou à un ſeul
homme toute ſa dépenſe, cela revient au même.

F

de la culture & le débit de la denrée.

O hommes ! ô Français ! ne vous inquiétez point de sçavoir qui mangera vos bleds quand vous serez devenus riches ; ce sera vous, ce seront vos voisins, vos neveux, vos enfans ; vos enfans que vous ne refuserez plus à la nature, & que vous offrirez à la Patrie, quand elle pourra leur faire un sort ; vos enfans, que vous n'immolerez plus avant leur naissance à l'ennui de votre misére & à la crainte de la leur.

# CHAPITRE X.

*OPINION paſſée ſous ſilence. Avantage de la liberté de l'Exportation & de l'Inportation des Grains, relativement à notre Commerce extérieur.*

NOus avons répondu, preſque malgré nous, aux principales objéctions qui ſe ſont rencontrées dans notre chemin ; mais nous n'avons nulle envie de reſſembler à ce Voyageur qui avait entrepris de tuer toutes les grenouilles qui l'étourdiſſaient en paſſant. Nous épargnerons donc à nos Lecteurs l'ennui de voir prolonger ces diſcuſſions , où le triomphe trop facile ne laiſſe pas même le plaiſir du combat. C'eſt pourquoi nous paſſerons ſous ſilence l'opinion de ceux qui voudraient *que l'on accordât des permiſſions paſſagéres , ou particuliéres à de certaines Provinces dans les années abondantes ; & que l'on retirât ces permiſſions dans les tems de ſtérilité.* Comme ſi la balance des

F ij

récoltes pouvait être entre les mains du
Gouvernement, qui lui-même ne peut
voir les récoltes que par les yeux d'autrui ; comme fi une permiſſion paſſagére
pouvait jamais être donnée à tems ; vû
que, quand la néceſſité de la donner ſe
fait ſentir à ceux qui en ont le pouvoir,
le mal eſt fait & ſans reméde ; comme ſi
une permiſſion paſſagére avait la moindre
analogie avec un commerce libre ; comme
ſi une permiſſion paſſagére pouvait procurer la participation au *prix commun du
marché général* ; comme ſi les *Blâtiers* de
l'Europe ôſaient s'hazarder ſur une permiſſion paſſagére & révocable, qui peut
tout-à-coup arrêter leur fortune entre deux
guichets ; comme ſi une permiſſion paſſagére n'était pas le meilleur moyen poſſible pour éffruiter le Royaume à très-bas
prix & ſans retour ; comme ſi une permiſſion paſſagére n'était pas deſtructive
de l'envie de faire des magazins, de la
liberté du débit deſquels rien ne répond ;
comme s'il fallait fermer la porte aux

secours des Étrangers précisément lorsqu'on en a besoin ; comme si les Étrangers pouvaient être d'humeur à envoyer
leurs bleds dans un pays d'où ils ne feraient plus les maîtres de les retirer en cas
que le débit n'en ait pas eu lieu ; comme
si la permission générale & irrévocable
d'exporter pouvait jamais être dangereuse ;
comme s'il était à craindre que les autres
peuples viennent acheter notre bled quand
nous en manquons , c'est-à-dire , quand
il est plus cher chez nous que chez eux ;
comme si le projet de nous affamer , dont
on a bercé des têtes frivoles , pouvait être
formé de concert par tous les peuples de
l'Europe à la fois ; comme si toutes les autres Nations *Granicoles* , nos concurrentes
qui n'ont point de revenus sans le débit
de leurs grains , n'étaient pas bien plus
pressées de les vendre que d'acheter ceux
d'autrui ; comme si une somme de plus
de 700 millions qu'il faudrait pour cela,
se trouvait facilement dans la poche de
quelques Négocians ; comme si dans le

cas où il fe rencontrerait un peuple affez peu fenfé pour tenter cette ridicule & dangereufe entreprife, il ne ferait pas bien-tôt obligé de nous revendre nos propres grains à perte, vû que nous n'en aurions que faire, & ferions fecourus par toutes les Nations ; comme fi nos grains en changeant de Propriétaires changeaient de lieu, & comme fi les magazins ne s'en feraient pas chez nous-mêmes ; enfin, comme fi celui qui achetera nos bleds dix-huit francs le feptier, & fera tripler nos revenus, n'était pas notre meilleur ami, quelque fût fon nom, Pierre ou Jean, Étranger ou Regnicole, Anglais, Hollandais, Français, Turc ou Chinois, fi l'on veut (30).

_____

(30) Il eft difficile de ne pas rire, quand on écoute les propos férieux que débitent un millier de trembleurs ; qui après avoir entendu toutes vos raifons, reviennent encore à dire, oüi . . . . . mais . . . . . . fi les Étrangers, fi les riches vont tout enlever, ils revendront au prix qui leur plaira : le bled renchérira par-tout, & la difette . . . . . . . . . . . . . . . . . . . . . . . . Eh, qu'ils enlevent ! que le bled renchériffe ! croyez-vous qu'avec la con-

Négligeant donc cette opinion, & toutes les objéctions à qui elle a pu fervir de fondement ; nous pafferons à l'éxamen des avantages que notre Commerce extérieur trouvera dans la liberté de l'exportation & de l'inportation de nos Grains.

J'y en remarque trois au premier coup d'œil.

Le premier tient à la nature de la chofe ; c'eft le bénéfice que nous trouverons à vendre à l'Etranger les denrées de notre crû, par préférence à nos marchandifes de main-d'œuvre.

En éffet perfonne ne conteftera, fans doute, que le Commerce le plus propre

---

currence de tous les Vendeurs de Grains de l'Europe, leurs manœuvres puiffent jamais faire monter le bled jufqu'à 45 liv. le feptier ? *Oh non* . . . . Eh bien, tranquillifez-vous ; car comme vous achetez aujourd'hui le feptier 15 liv. . . . avec le revenu que vous avez dans le temps de liberté que triplera vos revenus ( ce dont vous ne difconviendrez plus, fi vous avez compté ) tant que vous confommateur ne payerez pas le bled 45 liv. le feptier, il y aura du bénéfice pour vous, & une diminution relative dans le prix du pain.

à enrichir la Nation ne soit celui qui sera le plus considérable, qui à sommes égales donnera le plus grand *produit net*, & dont le débit sera le plus assuré. Toutes ces conditions se rencontrent dans le Commerce des Grains.

1°. Ce Commerce sera le plus considérable de tous ceux que nous pouvons faire; car on convient généralement que nous pouvons entrer, l'un portant l'autre, pour deux à trois millions de septiers par an, dans la vente de grains qui se fait en Europe. Comptons deux millions & demi, ces deux millions & demi de septiers à 18 livres chacun ( comme ce sera le prix de liberté ) vaudront quarante-cinq millions de livres; & je demande quelle est la Manufacture qui exporte pour une pareille somme ? (31)

(31) Nous sentons combien le petit objet dont nous parlons ici est peu intéressant, en comparaison des grands avantages que procurera la pleine liberté du Commerce extérieur, en assurant à nos Grains le prix constant qui a cours entre les Nations commer-

2°. De ces 45 millions, il y en aura au moins 14 millions en *produit net* ou *revenu annuel*; ( comme on le voit par la table du Chapitre II) & je demande encore quelle eft la Manufacture, qui en défalquant la fomme qui doit rembourfer les avances de la matiere premiere ; plus, en fouftrayant tous les falaires d'ouvriers, & les dépenfes de bâtimens, inftrumens, outils, &c. donne tous les ans 14 millions de bénéfice aux Entrepreneurs ?

---

merçantes ; & nous n'aurions pas relevé une chofe d'une fi faible conféquence , fi l'on ne nous avait long-tems entretenu avec une emphafe infidieufe d'autres bagatelles d'une bien moindre conféquence encore.

Savary, ce Mercier célébre, qu'on appellait jadis un Négociant, qui ôfait faire imprimer fans rougir que *la Manufacture la plus noble était celle des étoffes d'or & d'argent*, qui l'avait perfuadé à fon fiécle , & prefqu'au nôtre, Savary rapporte qu'il fe fabrique à Lyon pour 17 millions d'étoffes, y compris le bénéfice des Marchands Revendeurs. Il dit que pour faire ces étoffes, on employe environ onze millions de matieres premieres ( tant foye, qu'or & argent ) tirées de l'étranger ; & que quand le Commerce fleurit , les Étrangers achetent environ le tiers de ces étoffes.

3°. De ces 14 millions de *produit net*, le Roi en recevra tous les ans 4 millions directement, pour fa portion dans le revenu ; & je demande encore quelle eft la Manufacture qui rapporte 4 millions clairs & nets au Tréfor Royal tous les ans ?

4°. Le débit de nos Grains eft immanquable, parce qu'il a pour bâfe la nécéfiité de manger à laquelle tous les hommes de l'Univers font affujettis, & pour confervatrice la fertilité de notre terroir que perfonne ne peut nous enlever ; & je demande encore fi nous fommes certains que les Nations étrangeres conferveront auffi longtemps le goût de nos étoffes, de nos babioles & de nos colifichets, que l'appétit qui leur fuffit pour confommer nos denrées alimentaires ? je demande fi nous pouvons répondre de la conftance de nos Artiftes à demeurer parmi nous, comme de l'immobilité de nos champs ? Et pendant que je faifais cette queftion, l'expérience voyait la

Grande-Bretagne en poſſéſſion de l'acier
& des criſtaux que nous fourniſſions à
l'Europe dans le ſiecle dernier, & Berlin
faiſant des Etoffes de ſoye capables de
le diſputer à Lyon.

Paſſons au ſecond avantage que notre
Commerce extérieur trouvera dans la
liberté abſolue de celui des Grains.

# CHAPITRE XI.

*LA liberté extérieure du Commerce des Grains, nous donnera le moyen de multiplier nos achats à l'Etranger.*

NOUS avons dit ailleurs, nous avons dit plus haut, & nous le répéterons fans ceffe, parce que les vrais principes du Commerce font bons à rappeller dans ce fiecle-ci, que tout négoce fuppofait équilibre, balance de ventes & d'achats; que ceux qui voulaient vendre & ne point acheter, n'y entendaient rien ; & que très-heureufement pour eux la chofe était impoffible, car fans cela ils fe ruineraient en voulant ruiner les autres.

Nous difons, par une conféquence du même principe, qu'il eft très-avantageux d'acheter beaucoup à l'Etranger, parce que c'eft le moyen de s'enrichir en l'enrichiffant. Tout ce que l'on vend confifte en denrées ou marchandifes qui feraient ſuperflues ſi l'on n'en faiſait cet uſage , & qui nous procurent le moyen d'acheter d'autres choſes qui ſatisfont à nos beſoins réels ou de commodité. Or pour avoir la faculté de nous pourvoir d'une grande quantité de choſes , il faut ou que nous en ayons beaucoup à vendre, ou que les nôtres ayent beaucoup de valeur, le plus haut dégré de valeur poſſible ; & c'eſt encore une des conditions de la liberté du Commerce des Grains : il augmentera le prix des nôtres, c'eſt-à-dire, qu'il nous donnera le moyen d'avoir, avec une quantité égale de grains , un plus grand nombre de choſes à notre utilité ou fantaiſie. Pour me ſervir d'un éxemple connu, (32) je ſuppoſe que nous achetions aux Hollandais une meſure de poivre du prix de vingt livres , il nous faudra , pour payer ce poivre , la valeur de deux ſeptiers de bled, ſi notre bled ne ſe vend que 10 liv. le ſeptier ; mais ſi nous pouvions faire

---

(32) Voyez *la Philoſophie Rurale.*

monter notre grain juſqu'à 20 livres, alors il ne nous faudrait plus que la valeur d'un ſeptier pour acheter la même quantité de poivre. Il y a donc un grand avantage de notre côté dans l'accroiſſement du prix de notre denrée, ſans que pour cela il y ait de la perte du côté de l'étranger qui reçoit la même valeur de ſa marchandiſe.

# CHAPITRE XII.

*Autre avantage dans la liberté du Commerce extérieur des Grains, lequel nous devons à la position de notre pays.*

LA Société royale d'Agriculture de Bretagne a supérieurement dévelopé cet avantage dans ses Mémoires de l'année 1759 & 1760 : nous ne présenterons ici qu'un extrait de sa démonstration.

Les Pays du Nord sont le principal grenier de l'Europe ; c'est-là que nous prenons nos grains quand nous nous trouvons dans des années de disette ; c'est-là que les Hollandais puisent les leurs, qu'ils réexportent ensuite en Espagne, en Portugal & en Italie. Aucun Pays n'est placé plus avantageusement pour fournir ces trois Etats que la France, les mers du Nord n'étant pas libres, & celles de Hollande très-dangereuses dans de certains tems de l'année : il est donc plus que vraisemblable que si nous avions la liberté

96 AUTRE AVANTAGE DANS LA LIBERTÉ
de l'exportation & de l'inportation, les
Peuples du Nord avec qui nous faisons un
grand commerce en vins & eaux-de-vie,
fréteraient en retour nos vaisseaux en
grains ; & feraient leurs magasins chez
nous, pour être plus à portée de faire
transporter au premier signal de besoin,
dans le Pays où il se ferait sentir. D'un
côté nous gagnerions à cette opération
(nécessaire & commode aux Propriétaires
de la denrée ) les frais de magasinage,
de remuage, & partie de ceux de transport, ce qui ferait un bénéfice réel &
considérable, sinon pour notre Commerce,
du moins pour nos Commerçans; (33) &

---

(33) On a trop long-tems confondu l'intérêt du Commerce d'une Nation avec celui des Commerçans de la
même Nation ; un Commerçant est par lui-même un
homme fort utile, mais c'est un homme indépendant,
libre, & qui n'appartient à aucun pays ; qui ne
procure par son séjour dans un état agricole d'autre profit à cet Etat que celui de la consommation ; profit illu-
soire ; car en supposant la liberté du Commerce, il eût
fait la même consommation au profit de l'état *agricole*
hors de son territoire comme dessus, Il faut donc se dé-
de

de l'autre côté nous aurions une reſſource de plus en cas de diſette ; parce que du moment où le débit ſerait avantageux chez nous, les *Dépoſiteurs* s'empreſſe-raient de nous vendre avec d'autant plus de plaiſir, qu'ils y gagneraient les frais d'un nouveau tranſport. Ce dernier avan-tage ne mérite pas une grande conſidé-ration, car il n'eſt nullement vraiſem-blable qu'une nation *Granicole* puiſſe ja-mais en avoir beſoin. La liberté du Com-merce qui donnant à nos Grains le *prix commun du Marché général*, aſſurerait aux Propriétaires des revenus, & aux La-boureurs la rentrée de leurs avances, préviendrait à jamais la diſette. Toutes

---

shabituer du préjugé en faveur des Commerçans *Regni-coles*, ou ſoi-diſant tels. Chacun le ſent par ſoi-même, le meilleur Commerçant pour notre avantage ſera tou-jours celui qui vendra le meilleur marché, & qui aché-tera le plus cher. Or nous ne pouvons trouver ce Com-merçant que dans la concurrence libre & entiere de tous les Peuples de l'Univers. Un Négociant regnicole fa-voriſé (préférablement à l'Etranger) n'eſt autre choſe qu'un monopoleur autoriſé.

G

nos terres feraient cultivées , toutes le
feraient avec les dépenfes convenables,
& alors une mauvaife récolte chez nous
ferait une efpéce de miracle.

# CHAPITRE XIII.

## CONCLUSION.

QUE l'on contredife, ou que l'on approuve ; que des Adverfaires s'élevent & repliquent, ou que tout garde un profond filence ; il n'en fera pas moins vrai que, puifque la liberté de l'exportation & de l'inportation de Grains fournira auffi une grande matiere à ce commerce d'entrepôt dont nous avons jadis été fi jaloux, puifqu'elle nous donnera le moyen de multiplier nos achats à l'Etranger, puifqu'elle établira chez nous le plus avantageux des Commerces, puifqu'elle amenera une diminution relative à nos facultés dans le prix des denrées, puif-qu'elle nous répondra de ne jamais man-ger le pain plus cher que les autres Na-tions, puifqu'elle affurera de l'ouvrage à tous ceux qui n'en ont point, puifqu'elle augmentera les falaires du pauvre peuple, puifqu'elle procurera par-tout l'accroiffe-

ment de l'Agriculture & l abondance qui
en eft la fuite , puifqu'elle triplera tous
les revenus, la puiffance de l'Etat & l'aifance des Particuliers ; il n'en fera pas
moins vrai, dis-je , que cette liberté générale, abfolue & irrévocable , fera toujours le premier pas de toute adminiftration profpére ; & qu'en elle confifte
principalement le fyftême regénérateur,
la vraie *richeffe de l'Etat* , la grande & la
belle opération de finance.

La liberté du Commerce des Grains
nous affurera la participation *au prix commun du marché général* , c'eft-à-dire., à
un prix conftamment avantageux ; par elle
nous traiterons en freres tous les autres
peuples , & nous partagerons leurs biens ;
par elle la richeffe qui naîtra des mains
des Fermiers viendra fe répandre fur la
Société , tous les produits s'accroîtront
rapidement, tout le monde en partagera
le bénéfice ; les revenus de l'Etat s'augmenteront de jour en jour , & ils ne
craindront plus de deffécher leur fource ;

le Commerce multipliera tous les rapports, parce qu'alors feulement il commencera à éxifter dans fes véritables proportions : la *Clâffe* induftrieufe ou *ftérile* aura un fond d'avances renaiffantes (31) & affurées, parce qu'alors elles ne feront plus compofées des débris de leur origine ; tous ces éffets naturels de la liberté n'ont point échappé à la bonté du Prince, à fes lumieres & à celles de fes Miniftres : c'eft à ces avantages frappans que nous devons l'utile Déclaration enregiftrée dans toutes les Cours Souveraines pour permettre la liberté du Commerce intérieur ; Déclaration d'autant plus précieufe à nos yeux qu'elle était devenue indifpenfable, & qu'en nous affurant un bien réel, elle eft en quelque façon l'annonce d'un bien infiniment plus grand, fur lequel nous comptons, que nous ôfons efpérer de notre amour pour le Roi, & plus encore de fa tendreffe pour nous.

---

(31) Voyez le *Tableau œconomique* & la *Philofophie rurale.*

G iij

Il viendra un tems où la prohibition fera enfevelie fous les voiles de l'oubli; les fiécles futurs auront peine à fe perfuader qu'il fut un Pays où des familles indigentes maudiffaient les préfens du Ciel, où les larmes du Laboureur fe mêlaient à la pluie qui fertilifait fes champs; nos defcendans rougiraient d'avouer nos erreurs qu'ils ne pourront comprendre, & démentiront l'Hiftoire par refpect pour leurs Ayeux.

# RESUMÉ.

COMME pour bien faisir une vérité, il faut l'envisager en racourci & d'un coup d'œil, nous terminerons ce Mémoire par un Réfumé de celles qui y font contenues.

Il ne peut y avoir d'effet fans caufe, CHAP. PREMIER. & par conféquent de culture fans les dépenfes nécéffaires pour l'entretenir. De ces dépenfes il y en a qu'il faut recommencer tous les ans ; on les appelle *avances annuelles*. Les autres ne fe font qu'une fois avant la premiere récolte ; on les nomme *avances primitives*. Il faut que le Cultivateur en retire les intérêts, parce qu'elles font dépériffables, & encore parce que s'il ne retirait pas ces intérêts qui lui font un petit corps de réferve, il ne pourrait faire face aux conditions de fon bail dans les mauvaifes années. Les avances annuelles & les

G iv

intérêts des fonds dépensés avant la première récolte, font donc ce qu'on appelle les *reprises* du Laboureur, & ce qui constitue les frais de la culture.

Si la récolte ne rendait au Laboureur que ses frais, il est clair que personne ne vivrait sur le bénéfice : or comme un Etat ne peut être composé simplement de Cultivateurs, & que ceux qui ne le font point ne peuvent pas vivre sur les *reprises* du Laboureur, qui constituent les frais de la culture, à laquelle ils ne travaillent point; il faut nécéssairement qu'il y ait un *produit net*, qui ne se doive à personne, & qui soit le patrimoine de la Société. Plus ce *produit net* qui se partage entre les Propriétaires des terres, l'Etat & les Décimateurs sera grand, & plus chacun vivra à l'aise, & pourra satisfaire à tous ses besoins. Il est sensible que ce *produit net* tient à la valeur de la récolte ; car plus la récolte aura de valeur, plus les frais prélevés, le reste sera

* Voyez cette table pag. 13.

considérable. Une Table * qui n'est que l'expréssion historique du fait, montre quelles font les proportions diverfes du *produit net* ou *revenu* aux *reprifes*, fuivant les différens prix des bleds ; on y voit que lorfque le feptier de bled, mefure de Paris, ne vaut que 12 liv. une charrue montée felon la plus grande & la plus forte culture, ne peut rapporter que 272 liv. de revenu ; que lorfque le bled vaut 15 liv. le feptier, la même charrue donne un revenu de 913 liv. & un de 1,500 liv. quand le bled vaut 18 liv. &c.

Il y a deux obfervations à faire fur cette Table ; la premiere qu'elle eft conftruite d'après le fait actuel, c'eft-à-dire dans la fuppofition de l'éxiftence des charges indirectes que fupportent les avances de la culture & qui retombent au double fur le revenu ; fans cette confidération la Table préfenterait un rapport bien plus avantageux, & à 18 liv. le feptier, le *revenu* ferait 2,000 liv. & non pas 1,500 liv.

La deuxieme obfervation eft qu'il s'agit dans cette Table du *prix commun du Vendeur* des grains, qui dans un pays

C H A P.
III.

de liberté différe très-peu de celui des marchés, parce qu'il eft peu fujet à variation ; mais dans un pays qui prétend ne commercer qu'avec lui-même, les variations font telles que le Laboureur ayant dans les années abondantes débité un grand nombre de feptiers à très-bon marché, & dans les années de difette un petit nombre de feptiers fort cher ; il a vendu la totalité de fes grains à un *prix commun* fort au-deffous de celui de l'Acheteur confommateur, qui a tous les ans mangé un nombre égal de feptiers, tantôt chers, & tantôt à bon marché.

Un calcul connu, (mais que le changement des chofes oblige de faire fur des données différentes de celles qui ont déja été offertes au Public) prouve que dans un pays de prohibition, où le bled vaudrait, prix commun, 15 liv. le feptier pour les Confommateurs, il ne ferait vendu que 13 liv. 10 f. par les Laboureurs.

En prenant cette fuppofition de 13 liv. 10 f. le feptier, *prix commun du Vendeur,*

pour notre hiftoire, ce qui ferait la faire
en beau, il s'enfuivrait que chez nous
la réproduction totale d'une charrue dans
la meilleure culture, vaudrait 3,600 liv.
dont 600 liv. de *produit net* ou revenu.
La dixme qui fe leve ordinairement au
douzieme, enleverait 300 liv. il refterait
300 liv. à partager entre le Propriétaire
& l'impôt.

Notre fituation préfente ainfi ftatuée,
il s'agit de fçavoir quelle différence y
caufera la liberté abfolue & irrévocable
du commerce extérieur des grains.

De la liberté générale & abfolue du CHAP.
Commerce, il réfulte un *prix commun* IV.
entre tous les peuples qui en jouiffent.
Ce *prix commun* eft uniforme, fur-tout
par rapport à une denrée comme le grain,
que l'on cultive dans tous les pays, parce
que la maffe totale en eft toujours à peu-
près la même, & que la récolte ne man-
quant jamais par-tout & toujours quelque
part, il arrive feulement que celui qui
vend aujourd'hui achétera demain; uni-

forme encore, parce que les magaſins, fruits de la liberté du Commerce, empêchent toujours la diſette, & égaliſent le ſort des bonnes & des mauvaiſes années.

Avant l'invention du ſyſtême prohibitif, le ſeptier de bled ſe donnait pour le tiers du marc d'argent, ou environ 18 liv. de notre monnoye.

Les Anglais le vendent actuellement près de 22 liv. prix commun dans les marchés de l'Europe; il y a donc lieu de croire, & de fortes raiſons prouvent que notre concurrence ne peut pas faire baiſſer le *prix commun du marché général* au-deſſous de 18 liv. c'eſt-à-dire que les plus grandes variations ſeraient chez nous de 16 à 20 liv. comme elles ſont en Angleterre aujourd'hui de 20 à 24 liv. Un calcul fait voir que dans ce cas, le *prix commun du Vendeur* des grains, ſerait 17 liv. 12 ſ. & ne différerait que de 8 ſ. du *prix commun du marché général*, les baux & l'impôt territorial hauſſeraient de

droit, proportionnellement à l'accroiffement du *produit net*, & l'on voit par
la Table du Chapitre 2, que le *produit
net* d'une charrue ferait alors de 1,425 liv.
qui n'eft au plus aujourd'hui que de
600 liv.

Si l'admiffion du *prix commun du marché général* fait monter à 1,425 liv. le
*produit net* d'une charrue, évalué à préfent à 600 liv. cet éffet répandu fur
toutes les charrues du Royaume, qui
donnent aujourd'hui un *produit net* d'environ 164 millions, fur lefquels le revenu
du Roi ne pourrait être que de 47 millions
au plus, & n'eft dans le vrai que de
38 millions (parce que la dixme, qui,
comme toute autre impôfition, devrait
être proportionnelle au revenu, ne l'eft
cependant pas, & emporte près d'un
tiers du *produit net* au détriment du revenu Royal, & de celui des Propriétaires;) cet éffet, dis-je, porterait fans
aucun accroiffement de culture le revenu
de la nôtre en grains, à 389 millions 500

CHAP.
V.

mille livres, & la quote-part de l'Etat deviendrait d'elle-même 111,000,000 liv. de revenu sur les grains seulement. Mais il y a encore autre chose à considérer ; cet immense accroissement de produit net ne changera rien aux conventions déja contractées, & les baux actuels subsisteront jusqu'à leur échéance ; ces baux sont de 9 ans en France ; il en finit donc une neuvieme tous les ans ; c'est-à-dire que durant la premiere année de liberté il rentrera aux Propriétaires & à l'impôt, un neuviéme de l'accroissement du *produit net* ; dans la seconde année deux neuviemes, & ainsi jusqu'à la neuviéme année, que toute l'augmentation du revenu sera passée en entier aux trois Propriétaires du revenu des biens-fonds; sçavoir le Possesseur même de la terre, l'Etat & les Décimateurs; on voit de-là que pendant le cours des baux les Cultivateurs ont partagé avec les Propriéaires l'accroissement du *produit net*. Mais ce bénéfice, passé entre les mains des Agriculteurs, ne fera nullement perdu pour la Nation ; ils le reverferont fur la terre , par une augmentation de travaux & de dépenfes qui multiplieront les falaires des ouvriers ; ils étendront leurs entreprifes , amélioreront leur culture & en tireront de nouveaux *produits nets* , dont la racine , c'eft-à-dire les richeffes meres & productives , n'éxifte pas même aujourd'hui.

\* Un Tableau conftruit avec la plus grande attention , exprime la marche de cet accroiffement de culture & de revenu. Ce Tableau , où tout eft porté bas , eft fait dans la fuppofition que la liberté du commerce extérieur des grains ne produira d'abord qu'environ la moitié du bien que l'on en efpére , & qu'il faille fix ans pour établir en France ce Commerce dans tous fes avantages.

\* Voyez ce tableau pag. 46.

On voit par ce Tableau qu'un revenu de 600 liv. faifant environ la 273 milliéme partie de la culture en grains du Royaume, évaluée aujourd'hui à 164 millions de *produit net* , étant au bout de 9 années ,

CHAP.
VI.

porté à 1,907 liv. le revenu total de cette
même culture ferait alors de 536 millions,
dont le Roi jouiffant des deux feptiemes
aurait tous les ans 153 millions à recevoir
fur les feuls produits de la charrue.

Ce n'eft pas là tout ; un accroiffement
de richeffes nationales , ne faifant autre
chofe que fournir à chacun le moyen de
faire une plus grande dépenfe , & de
fe pourvoir plus facilement de vin , de
viande , de bois , &c. éxcitera une plus
forte confommation de toutes ces denrées , d'où naîtra une augmentation de
valeur vénale, parce qu'une marchandife
renchérit toujours en raifon de la quantité
des Acheteurs, (1) mais une augmen-

_____

(1) D'ailleurs on fe conforme toujours dans l'emploi
des terres fur le débit & le prix des productions ; on
s'étend du côté de celles qui font les plus profitables,
on reftraint la culture des autres, ce qui augmente leur
prix ; ainfi la compenfation des prix s'établit & fe régle
fur les productions du territoire, felon cet ordre naturel indiqué par l'intérêt même. La production la plus
chère devient toujours la plus abondante ; *cherté foi-*

tation

tation de valeur vénale fur toutes ces denrées, ne produirait pas un éffet différent de celui que nous venons d'en voir naître, par rapport aux grains ; toute culture a fes *reprifes* ou frais indifpenfables, & fon *produit net ;* en hauffant le prix de la denrée, on augmente un peu les *reprifes*, & beaucoup le *produit net ;* cela eft général fur quoi que ce foit. On eftime que le revenu de ces autres genres de biens, évalué aujourd'hui à 244 millions, ferait au moins doublé par l'influence de la richeffe, fruit de la liberté du commerce extérieur des grains. Les revenus de la Nation feraient donc en neuf ans montés à un milliard vingt-quatre millions, qui donneraient au Roi un revenu direct d'environ 300 millions, levés prefque fans frais. Il eft à remarquer que, comme on l'a déjà dit, tous

---

fonne. Le débit & le haut prix conftant du bled procurés par la pleine liberté du Commerce, font donc des préfervatifs affurés contre la difétte.

H

ces calculs font , en fuppofant la continuité des charges indirectes , auxquelles la
nécéffité des circonftances a forcé le Gouvernement ; mais à mefure que les revenus
directs augmenteraient , cette nécéffité
diminuerait ; ce qui donnerait matiere à
un tout autre calcul , dont le réfultat ferait environ 2 milliards de revenu pour
la Nation , & plus de 500 millions pour
le Roi.

Ces notions élémentaires fuffifent pour
faire concevoir les progrès rapides du
rétabliffement du Royaume , fous l'adminiftration de M. de Sully.

CHAP.
VII.

*Mais* difent les Contradicteurs, *tous ces
calculs ne font fondés que fur le renchériffement du pain ; pour peu que le pain
augmente le peuple ne pourra y atteindre,
au lieu que la prohibition entretient l'abondance dans le Royaume , ce qui foutient
le bas prix plus à la portée des pauvres
gens.*

Cette objection eft compofée de quatre
fauffetés.

1°. Nos calculs font fondés autant fur le peu de variation du prix des bleds, que fur leur renchériffement, & la variation eft telle aujourd'hui, qu'il y a 30 f. de perte pour les revenus de la Nation fur chaque feptier de bled, fans aucun profit pour l'Acheteur confommateur.

2°. La prohibition n'eft nullement propre à entretenir l'abondance dans le Royaume; au contraire rien n'encourage une forte culture comme un bon débit, & l'Angleterre qui n'avait pas de récoltes fuffifantes, avant qu'elle eut favorifé par des récompenfes l'exportation des grains, en a de furabondantes aujourd'hui. Il eft de la nature de la prohibition d'amener la difette, & c'eft ce que l'on montre par l'expofition du fait.

3°. La prohibition n'entretient pas plus le bas prix qu'elle ne fait l'abondance; la prohibition caufe les variations excéffives des prix, & les variations font bien plus nuifibles à la fubfiftance des peuples que la cherté conftante; chacun arrangeant à peu-près fa dépenfe fur fon gain, fi la valeur des denrées hauffe tout à coup, les combinaifons des pauvres gens fe trouvent anéanties, & il eft alors de né-céffité que la miférie devienne générale ; car dans les chertés fubites & imprévues, (telles qu'elles le font toutes dans un pays fermé par les prohibitions) il ne peut plus y avoir de proportion entre les falaires & les dépenfes alimentaires des ouvriers.

4°. Que le bas prix foit plus à la por-tée des pauvres, cela eft encore faux. Les pauvres comme les riches ne peuvent avoir aucune denrée fans l'acheter, ne peuvent acheter fans argent, ne peuvent avoir d'argent que par leur travail, (dont le falaire eft tôûjours proportionné au prix des productions alimentaires, ) & les Pauvres ne peuvent trouver de travail, fi les Riches n'ont pas de revenus pour le payer; quand une Nation a de grands revenus, ils fe répartiffent proportionnel-lement aux différens états des Citoyens, parce que les Riches en jouiffent, c'eft-à-dire, le dépenſent; car le revenu n'eſt bon que pour en jouir : & un homme ne peut rien dépenſer dans la Société qu'au profit des autres. Toute ſouſtraction faite, il ne reſte à l'homme le plus riche de ſes immenſes revenus, que ſa conſommation perſonnelle & la prérogative du choix ſelon ſes goûts : en quoi il diffère peu de ceux dont il paye les travaux ou les ſervices.

Il n'y a que le calcul qui puiſſe nous faire comprendre combien un écu de plus ſur le prix du ſeptier de bled ferait circuler de centaines de millions de plus dans le Royaume. Mais pour tous ceux qui ſont capables de ſentir & d'embraſſer les calculs, il eſt clair, que plus il y aura de revenus, plus il y aura de rétributions & de ſalaires pour les différentes claſſes de Citoyens; plus il y aura de conſommation & de débit pour toutes les différentes productions du territoire ; plus les richeſſes & la circulation ſe multiplieront dans les Villes, par les dépenſes des grands propriétaires qui y réfident; plus l'Induftrie, les Manufactures, le Commerce profpéreront; plus il y aura de travail & d'aifance pour l'ouvrier journalier, & de fecours pour l'infirme & l'indigent; plus il y aura de fûreté & de facilité pour les payemens des Créanciers & des Rentiers; ainfi quoi qu'alors le pain foit un peu plus cher, il fera infiniment plus à la portée du Peuple; car tout ce peuple aura de l'argent, parce qu'il aura un falaire proportionné au renchériffement de fa dépenfe.

CHAP. VIII.

Il y a des gens qui ne comptent point, mais qui parlent. Ces gens diront peut-être, *quel profit peut-on retirer du renchériffement des bleds, fi ce renchériffement augmente le prix des falaires & par conféquent celui de tous les travaux des hommes, les frais de culture même par le hauffement du prix de la nourriture des Cultivateurs? Nous ne gagnerons rien à l'augmentation de nos revenus, parce que nos denrées prenant un accroiffement proportionnel de valeur, tout reviendra au même.*

En accordant ce raisonnement, il faut convenir d'un fait; c'est que, lorsque le septier de bled ne vaut prix commun que onze livres, le Laboureur ne retire que ses frais, & ne peut payer aucun revenu. La preuve de ce fait est la décision même du Laboureur, car pour avoir du revenu, il faut qu'il veuille & puisse en payer. Il suit de-là, que par le raisonnement des contradicteurs, jamais le Laboureur ne pourra payer de revenu ; si le prix de ses denrées hausse d'un sixiéme, les frais de culture, selon cette hypothèse, augmenteront aussi d'un sixiéme : ainsi jamais d'excédent par de-là les frais pour payer le fermage & la taille ; les Fermiers cependant payent des revenus à raison du prix des bleds, ou laissent les terres en friche (2).

Si l'on applique l'argument *aux Pro-*

---

(2) Ce qui réduit alors le Propriétaire à faire lui-même les avances, & qui établit ainsi la *petite culture*, qui peut subsister sans profit pour la Nation, tant qu'elle rend les frais.

*priétaires* eux-mêmes, *qui recevant plus de revenu, & payant tout plus cher, font bornés à la même quantité d'achats que dans le cas où ils auroient moins de revenu & tout à meilleur marché ;* la difficulté fubfifte. Car en fuivant le raifonnement, lorfque le feptier de bled ne vaudra que onze livres, & que d'après la décifion du Laboureur, le Roi ni les Propriétaires des terres, n'auront aucun revenu, ils pourront néanmoins payer auffi-bien, & faire les mêmes achats, le débit des denrées, les falaires, les arrérages des rentes feront également affurés. C'eft ainfi que l'on s'enferre, quand fur des matieres de calcul on veut décider, & ne point calculer ; il eft à croire que nos adverfaires fe dégoûteront de cette méthode ; ceux qui n'en font pas incapables compteront, & dès qu'ils voudront réfléchir, ils fentiront que plus les bleds feront à haut prix, & plus la Nation fera riche, & plus le Roi & les Propriétaires pourront dépenfer au profit de tous. Ils verront que tous

les gens non Cultivateurs vivent sur le
revenu ; ils reconnaîtront que si ce revenu
( qui comprend la richesse publique &
toutes les fortunes particulieres) est triplé,
tandis que le prix du pain ne sera augmenté que d'un sixiéme, cette augmentation qui les éffraye sera une diminution
relative très-considérable. Ils concevront
que si la quote-part d'un pere de famille
est l'un portant l'autre vingt sols par jour,
quand le pain vaut 15 deniers, ou cinq
liards la livre. Lorsque ce même pere de
famille payera le pain dix-huit deniers ou
six liards, & qu'il recevra 3 liv. par jour,
ou telle autre augmentation de salaire proportionnelle au renchérissement de sa dépense, & encore à l'augmentation des
revenus, il n'aura garde de se plaindre.

D'autres gens se sont imaginés qu'il
n'y avait pas de bon sens à compter sur
un accroissement de réproduction & de
revenu, *si l'on vous croyait*, disent-ils,
*nous regorgerions bientôt de denrées de no-*
*tre crû que nous ne sçaurions où vendre :*

CHAP.
IX.

*nous n'en pouvons débiter que tant en Ef-*
*pagne, tant en Italie, tant dans tel autre*
*endroit ; votre entreprife périra faute de*
*débit, &c. &c. &c.*

Cette objéction, quoiqu'imprimée (3),
n'en eft pas plus folide. Quand on jette
du pain dans un endroit, les moineaux s'y
raffemblent ; les hommes courent après
les falaires, comme les oifeaux après la
pâture, *& la mefure de la fubfiftance fera*
*toujours celle de la population.* Dans un
Pays riche, & qui a des revenus, on ne
peut jamais éprouver la mifere de l'abondance, l'aifance univerfelle y amene & y
crée de nouveaux confommateurs, qui
contribuant à entretenir le bon prix de
la denrée, affurent par-là même le revenu
qui les met dans le cas de la payer. Il ne
faut donc pas s'inquiéter pour fçavoir qui
mangera nos bleds, quand nous ferons
devenus riches ; ce fera nous, ce feront
nos voifins, notre poftérité, la leur.

_____

(3) Dans le Confolateur.

Quoique nous ayons répondu aux principales objéctions qui se font rencontrées dans notre chemin, notre intention n'est pas d'ennuyer toujours le Lecteur par ces discussions trop peu équivoques ; c'est pourquoi nous passerons sous silence l'opinion de ceux qui voudraient que l'on *accordât des permissions passagéres, ou particulieres à de certaines Provinces pour exporter dans les années abondantes, & que l'on retirât ces permissions dans les tems de stérilité.* Il est trop clair qu'une permission passagére accordée dans le tems de la non-valeur des Grains, ne prévient pas la perte que cause cette non-valeur ; le mal est déja fait, & la permission n'y remédie pas ; car les Marchands de l'Europe n'ôsent se hazarder sur la foi d'une permission passagére, qui peut être révoquée le lendemain ; une telle permission ne peut donc pas nous faire participer *au prix commun du marché général ;* cette fausse & insidieuse ressource ne sert qu'à tromper l'attente du Laboureur. Il eft trop fenfible encore qu'une permiffion générale, abfolue & irrévocable doit toujours procurer les avantages que l'on en attend, & ne peut jamais être dangereufe; car les Etrangers ne viendront pas acheter nos Grains quand nous en manquons, c'eft-à-dire, quand ils font plus chers chez nous que chez eux, &c. &c.

Négligeant donc toutes les objéctions auxquelles cette opinion ridicule a pû fervir de fondement; nous terminerons cet écrit par un éxamen des avantages que le commerce extérieur de la Nation trouvera dans la liberté de l'Exportation & de l'Inportation des Grains. Il s'en préfente trois au premier coup-d'œil.

Le premier eft le bénéfice que nous trouverons à vendre à l'Etranger les denrées de notre crû, par préférence à nos marchandifes de main-d'œuvre.

On convient généralement que nous pouvons entrer, l'un portant l'autre, pour deux à trois millions de feptiers tous les ans dans la vente de Grains qui fe fait

en Europe. Mettons deux millions & demi. Ces deux millions & demi à 18 liv. le
feptier ( ainfi que ce fera le prix commun
de liberté) vaudront 45 millions de livres,
fur lefquels il y aura 14 millions au moins
de *produit net annuel*, & 4 millions au
Roi en impôt direct pour fa portion dans
le revenu, & l'on demande quelle eft la
Manufacture qui exporte pour 45 millions
tous les ans ? Quelle eft la Manufacture,
qui, toutes avances de matieres premieres, tous falaires d'ouvriers, tous frais
de bâtimens & machines déduits, donne annuellement 14 millions de bénéfice aux Entrepreneurs ? Quelle eft la
Manufacture dont les exportations rapportent tous les ans 4 millions clairs &
nets au Tréfor Royal ? On demande encore lequel des deux commerces eft le
moins précaire, & fi nous pouvons ga-
rantir la conftance de nos Artiftes à demeurer chez nous comme l'immobilité
de nos champs ? Londres & Berlin ont
fait la réponfe.

Le second avantage pour notre commerce extérieur, est la faculté de multiplier nos achats à l'étranger : on ne peut acheter sans vendre, ni vendre sans acheter ; il faut nécéssairement faire l'un jusqu'à la concurrence de l'autre ; mais si l'on vend des choses de peu de valeur, il en faudra donner beaucoup pour avoir celles que l'on désire. Si au contraire les choses que l'on vend ont une grande valeur, avec une moindre quantité de choses on fera un plus grand commerce ; car la Nation alors pourra augmenter le nombre de ses achats, sans multiplier celui de ses ventes. Le haussement du prix de nos denrées est donc un grand bénéfice pour nous, & ce bénéfice ne causera aucune perte à l'étranger, qui recevra toujours la même valeur des marchandises qu'il nous aura vendues.

Le troisiéme avantage, qui a déja été développé dans les Mémoires de la Société Royale d'Agriculture de Bretagne, est dû à notre position qui nous met dans le cas de fervir d'entrepôt aux bleds du Nord pour le commerce d'Espagne & d'Italie : ce qui procurera à la Nation le profit des frais de garde & magafinage , & nous affurera une reffource de plus en cas de difette. Si tant eft que la difette fût poffible chez nous avec l'accroiffement de notre Agriculture , & les magafins qui fe formeront de toutes parts de notre propre denrée.

On conclut que puifque la liberté du commerce extérieur des Grains triplera tous les revenus , la puiffance de l'Etat , l'opulence des riches , les falaires des pauvres , puifqu'elle rendra la fubfiftance des Peuples plus aifée , puifqu'elle accroîtra l'Agriculture , la Population & le Commerce : c'eft dans cette liberté indifpenfable que confifte principalement le fyftême régénérateur , la vraie *Richeffe de l'Etat* , la grande & la belle opération de Finances.

Chap. XIII.

## F I N.

# AVERTISSEMENT.

*D ANS un Ouvrage tel que celui-ci, qui embraſſant la totalité des choſes, devait avoir une marche ſuivie & ſerrée, il n'était pas poſſible de diſcuter toutes les opinions. Il y a des gens trembleurs qui conviennent des avantages immenſes du libre Commerce des Grains, mais qui cependant inſinuent qu'il n'eſt pas encore tems de donner la liberté extérieure à ce Commerce, & qui ſe forgent & s'exagérent des inconvéniens.*

*Un d'entr'eux a fait imprimer dans la Gazette du Commerce (1) une Lettre qui expoſe toutes ſes inquiétudes ; cette Lettre a déja été réfutée par une autre dans la même Gazette (2) & comme on ne ſçaurait donner trop de publicité aux queſtions intéreſſantes & patriotiques, il nous paraît convenable*

(1) Voyez la Gazette du Commerce du 3 Mars 1764 Nº. 18. page 139.

(2) Voyez la même Gazette du 10 Mars, page 159.

*de*

de les joindre ici toutes deux, & même d'y ajouter quelques Réfléxions. Non que la Réponse, très-bien faite, nous paraiſſe inſuffiſante, mais parce qu'il vaut bien mieux riſquer de faire un Ouvrage inutile, que de laiſſer la moindre équivoque ſur des vérités auxquelles la puiſſance de l'Etat, l'opulence & le bonheur de la Nation ſont attachés.

# LETTRE

## A l'Auteur de la Gazette du Commerce.

## EXTRAIT de la Gazette du 3 Mars 1764.

### De Paris le 22 Février 1764.

JE réponds, Monsieur, à une Lettre insérée dans votre Gazette du Commerce, N°. 6. 21 Janvier 1764, dans laquelle sont très - clairement déduits & même démontrés les avantages que produiroit à la France la libre exportation de ses grains à l'Etranger. L'Auteur, en bon Patriote & en homme éclairé, invite les Citoyens à donner leurs idées sur une question aussi importante ; il permet même qu'on combatte son opinion, qu'on renverse son système, qu'on lui oppose des raisons , & c'est ce que je n'ai garde d'entreprendre , puisque je déclare ici que j'admets & suis prêt à signer ses principes, & toutes les conséquences qu'il en tire. Je suis donc convaincu comme lui ; 1°. *Que la libre exportation des grains dans l'intérieur du Royaume, est de droit naturel , qu'il est étonnant qu'on ne l'ait pas senti plutôt. 2°. Que l'exportation des grains à l'Etranger , sera une source inépuisable de richesse & de force pour la France.* J'ajoute même qu'il n'est personne qui révoque

en doute de pareilles vérités, & qu'il n'eſt aucune objection à leur oppoſer ; mais ces vérités
ſenties, démontrées, reconnues, tout eſt-il
dit? Faut-il lever tout-à-l'heure toutes les éclu-
ſes, procurer un écoulement libre & ſubit à
nos grains? N'y a-t-il aucun ménagement, aucune précaution à prendre? Voilà pourtant la
queſtion ſur laquelle perſonne ne s'exerce. Tout
le monde appuye, développe & renchérit ſur
la démonſtration des principes ; peu de gens
nous apprennent à employer ces mêmes principes ; peu de gens applaniſſent, ou vont au-
devant des difficultés qui peuvent ſe trouver
dans la libre exportation des grains. Je crois
cependant qu'il y en a, & je vais propoſer des
doutes à cet égard. Je déſire de tout mon cœur
que l'Auteur de la Lettre déja citée, les trouve
faciles à réſoudre, & veüille bien s'en donner
la peine. Cela peut donner naiſſance à des diſ-
ſertations dignes, Monſieur, d'être inſérées
dans votre Gazette.

1°. Tout nouvel Etabliſſement, quoiqu'utile
& avantageux, tout changement dans les uſa-
ges accrédités & dans la pratique d'une Nation,
a néceſſairement à luter contre les préjugés,
l'habitude, la mauvaiſe foi, & une certaine timidité qui doit accompagner les pas chance-
lans de cette Nation, dans une carrière qu'elle
ne connoît pas. Les abus mêmes avec leſquels
nous ſommes nés, ſont chéris des ſots, & maintenus, pullulés par les méchans.

2°. Le caractère d'une Nation doit être préliminairement conſulté dans tout ce qu'on a à
exiger d'elle, même pour ſon propre avantage.

3°. C'eſt à de timides eſſais, à nombre de

fautes préliminaires, à une longue posséssion, que les Anglois doivent les avantages résultans du libre transport de leurs grains dans tous les marchés de l'Europe. Adopter le même systême, l'amener de loin, & petit à petit, c'est prudence; mais ambitionner de le porter tout d'un coup en France au point de perfection où nous le trouverons établi en Angleterre, c'est peut-être témérité. D'après l'exemple des Anglois, nous pourrons éviter de tomber dans les mêmes fautes qu'eux; mais nous en ferons d'autres personnelles & relatives à notre génie, à notre constitution : 50 à 60 ans d'avance, en fait de Police, de Commerce & d'Administration, font une prépondérance en faveur de celui qui jouit, très-nuisible à celui qui veut par imitation partager le bénéfice.

4°. Le Commerce en général ne sçauroit être libre dans une partie, & gêné dans l'autre. La liberté ne s'isole, ne se restraint point à un seul objet; elle régne sur tous, ou sur aucun; pourra-t-elle éxister dans le Commerce des grains, à côté de la gêne, dans celui des autres denrées, & au milieu des entraves & des formalités qui desséchent les diverses branches de notre Commerce. Tout se tient dans l'administration d'un Etat, il faut donc que tout y marche du même pas, qu'il n'y ait qu'un même esprit, que les principes soient généraux, & qu'avant d'établir une nouvelle forme, on ait tellement renversé l'ancienne, qu'il n'en subsiste rien, ni traces, ni agens.

5°. En Angleterre, la Nation entière veille à l'administration & à la police des grains. Chaque Particulier est éclairé sur ses propres intérêts, les identifie à l'intérêt général, & a droit de les réclamer collectivement contre la furprife, l'ignorance & les faux rapports. Il y a des loix fondamentales, à l'aide defquelles on élague les difficultés, bien loin de permettre que les difficultés étouffent les loix : un mal connu eft auffitôt corrigé fans délai, fans oppo- fition, l'immutabilité des principes & des fyf- têmes y eft maintenue ; il n'y eft pas continuel- lement néceffaire, pour opérer le bien public, d'un concours de volontés indépendantes, & en oppofition les unes aux autres ; biens & maux politiques, rien n'y eft perfonnel aux Membres, tout appartient à la Société en gé- néral.

6°. A-t-on en France des tableaux fideles de la quantité de Terres labourables, & deftinées à porter du bled, de la maffe de leurs produc- tions année commune, de celles que les femen- ces employent, du nombre des bouches à nour- rir, & en un mot de ce qu'exige la confomma- tion générale ? S'il eft vrai que nos récoltes, une année dans l'autre, ne rapportent que pour dix-huit mois de fubfiftance à quinze millions d'individus, fi les femences confomment la va- leur de trois mois, nous n'avons à faire fortir par an que le fuperflu d'environ trois mois de nourriture.

7°. Le pain eft de premiere néceffité en France, plus particulierement qu'en Angle- terre, parce qu'un même nombre de François en confomment journellement trois fois plus qu'un même nombre d'Anglois. Le befoin en eft donc plus grand chez nous que chez eux, la privation de fait ou de fuppofition en feroit plus affreuse, & les moyens de remédier à cette même difette, plus longs & plus chers. Il eft impoffible que l'exportation des grains n'en renchériffe le prix, ce fera même un des avantages du projet ; mais cet avantage fera d'abord plus particulierement & plus directement pour le Propriétaire des terres, que pour le manœuvre & le journalier, qui ne hauffera fa main d'œuvre que petit à petit, en raifon du plus d'occupation qu'il trouvera, & de l'augmentation de la maffe de l'argent que le Commerce attirera dans le Royaume. Mais ces deux heureux éffets feront poftérieurs à l'augmentation fubite du prix des grains, dès la premiere année de leur exportation. Or c'eft ici où il faut un peu calculer le caractère de notre Nation ; elle eft vive, pétulente, peu refléchie, aifée à allarmer ; que le pain renchériffe, & que les Marchands de bled ayent des magafins pleins & tout prêts à fe vuider pour l'Etranger ; qu'une feule voix s'éleve indifcretement, & crie : *Nous allons être affamés, tous nos bleds fortent, on travaille à nous ôter la fubfiftance* ; qui eft-ce qui me répondra que ce premier inftant de la terreur publique n'armera pas le peuple, & ne le portera pas à aller follement mettre le feu aux magafins déjà remplis ? Concluons.

## CONCLUSION.

J'ai dit que la fortie de nos grains eft avantageufe, de droit naturel & néceffaire, qu'elle étoit la fource de la puiffance & des richeffes d'une Nation Agricole. Je le dis encore, & j'ajoute, fans croire ceffer d'être d'accord avec

moi-même, qu'il y a des inconvéniens à prévenir, des tempéramens à garder, des mesures
préliminaires & préparatoires à prendre : par
exemple, je pense qu'il faut, avant tout, commencer par remettre de l'argent dans les Provinces, & des moyens parmi les Laboureurs.
Je gémis de voir tout l'argent se concentrer à
Paris, y attirer les hommes & dévaster les
campagnes. De dix-sept cens millions d'argent
monnoyé qu'on peut compter en France, il y
en a au moins 1200 à Paris, il en reste 5 circu-
lans dans les Provinces, à partager entre le
Commerce & l'Agriculture ; cela peut-il être
suffisant, la proportion y est-elle ? Une juste
répartition d'hommes, d'argent, de travail &
d'industrie dans un Etat, fait sa force & son
activité, puisque c'est le sang politique qui
doit circuler également & conserver l'équilibre
dans toutes les humeurs & les parties : un bour-
souflement au contraire, un dépôt d'argent
dans un Royaume, dans un canton, dans une
Ville, ou chez un particulier, dessèche, mine,
oblitére tous les lieux, tous les êtres voisins.
Mais quels sont les moyens de faire refluer l'argent de Paris dans les Provinces ? Ils sont très-
simples, tout le monde les pense ; je le dis :
Il est abusif que le produit des plus grandes
Terres, celui des Evêchés & Abbayes, les ap-
pointemens ou gages quelconques, le produit
de certaines caisses fiscales, tous les fonds levés pour les chemins du Royaume, & ces sommes immenses destinées à l'usure ou consignées
pour l'achat de cette foule de Charges & Offi-
ces continuellement en mouvance ; il est contre la saine politique, dis-je, que cette énor-

I iv

me maſſe d'argent s'apporte à Paris & s'y fixe.
Si les grands Terriers, les Evêques, les Abbés,
les Receveurs Généraux, &c. ſe tenoient chacun à leur poſte, à leur détail, il en réſulteroit d'abord du bon ordre, de l'édification,
moins de cabales, d'intrigues, de manéges, de
confuſion, des mœurs, des connoiſſances,
beaucoup plus de Citoyens, de bons maris, de
bons peres, de bons maîtres, de fideles ſujets;
en un mot, & c'eſt ce dont il s'agit plus particulierement ici, il en réſulteroit de l'aiſance
pour nos pauvres Provinces, du travail pour
le peuple, des ſecours pour les vaſſaux mala-
des ou indigens, du fumier pour les champs,
& les récoltes doubleroient en raiſon de l'augmentation des bras & de l'argent. L'éffet d'une
aiſance ainſi occaſionnée dans nos campagnes,
par les retours des deniers & du travail qui en
eſt inſéparable, ſeroit prompt, doux, naturel
& général; celui que l'Auteur de la Lettre attend de la premiere vente de nos grains à l'E-
tranger, n'a pas, je crois, les mêmes caractè-
res & a beaucoup plus d'inconvéniens.

2°. Qu'on nous donne du tems pour nous familiariſer un peu avec la libre circulation de
nos grains dans l'intérieur du Royaume. Nos
organes ſont encore affaiſſés, abrutis par l'ancienne gène & le découragement. Liſez la
Lettre écrite de Paris à l'Auteur de la Gazette,
N°. 4. Janvier 1764, *ſur l'impoſſibilité actuelle
& abſolument morale, d'attirer des bleds de Cham-
pagne & de Lorraine en Provence, &c.*(*) Les plus

---

(*) L'Ordinaire précédent prouve que ceci porte à faux.

faines nourritures furchargent toûjours un eftomac convalefcent, notre vûe affoiblie foutient à peine la plus douce lumière. Allons pas
à pas. Que le Laboureur & le Marchand apprennent à connoître la dépendance où ils doivent être l'un de l'autre, qu'ils s'exercent ref-
pectivement dans la fpéculation du Commerce
des grains de Province à Province ; c'eft-à-dire
fur les moyens d'enmagafiner, de garder & de
tranfporter les bleds par le plus court chemin,
à moins de frais poffibles ; que les voitures &
les canaux de communication s'établiffent d'a-
bord bien du centre aux extrémités ; que le
peuple s'accoutume à l'idée fi éffrayante & fi
fouvent rejettée des magafins de bled ; que
quelque-tems de poffeffion nous guériffe de la
méfiance attachée à l'inftabilité de nos Réglemens.

3°. Les capitaux & l'activité rendus à la
terre, la circulation des grains bien établie de
Province à Province dans l'intérieur du Royaume, le reffort de fpéculation rendu à nos Marchands, à nos Laboureurs, par le libre Commerce intérieur, la maffe des femences, & par
conféquent des récoltes petit à petit augmen-
tée, commençons alors par interdire toute entrée chez nous aux grains, aux farines étrangères, & ouvrons aux nôtres quelques-uns de
nos Ports les plus à portée des peuples que
nous voulons nourrir, foit qu'ils ayent réellement befoin, foit que par le meilleur marché
nous voulions porter coup à leur Agriculture,
ou à celle de leurs Fourniffeurs.

4°. Le grand point eft de divifer les opérations, & de mettre entre chacune d'elles affez

d'intervale, pour pouvoir en bien connoître tous les effets, les inconvéniens & les remédes ; ce qui éxige de la part du Gouvernement la plus grande suite, la plus conftante attention. Car, à moins d'une correfpondance fidelle, d'une grande application, Paris ne peut guères être inftruit des maux qui ravagent les Provinces, que quand il n'eft plus tems d'y remédier, & fi par malheur, il venoit à fe tromper fur les éffets de la libre exportation de nos grains, & à lui attribuer le défordre ou la difette qui pourroit l'accompagner, cette reffource inépuifable pour la France, deviendroit en horreur à tout bon François, feroit bannie pour jamais, & nous rentrerions dans l'efclavage & la barbarie de nos préjugés.

5°. Il ne faut pas tellement s'en fier à l'augmentation du prix du bled, au-deffus ou au niveau du taux fixé, pour croire que cette augmentation nous avertira exactement, à point nommé, de l'inftant où il faudra arrêter la fortie de nos grains, ou plutôt en attirer d'étrangers. Le François occupé du feul moment préfent, s'affecte peu de l'avenir ; avide de jouir, s'il trouve à fe défaire de toute fa récolte, il le fera fans réferve, fans réfléxion, & la difette fera déjà dans le Royaume, que le prix du bled l'indiquera à peine. Le befoin en bled des peuples de l'Europe, alternativement manquans de cette denrée, peut fe calculer, il l'a même été, & la quantité n'en eft pas énorme. Or, plus l'excédent de nos confommations de cette denrée approchera de la fomme defdits befoins de nos voifins, moins en y fatisfaifant, ( caufe, but & éffet unique de l'exportation de nos

grains ) moins , dis-je, aurons nous à craindre
pour nous-mêmes une difette occafionnée par
leur fortie ; puifque la demande n'en fera guères plus forte que notre fuperflu , & que l'on
peut fe procurer en France , année commune,
de quoi fournir à la fubfiftance de 24 millions
d'hommes au moins , pour deux ans , c'eft-à-
dire plus du double de ce que nous recueillons
aujourd'hui ; c'eft ce qui fait que j'infifte fur
l'aifance du Laboureur , fur la multiplication des
capitaux , des bras , des charrues , des défrichemens & fur l'interdiction des grains & farines étrangères , pour opération préliminaire
au tranfport de nos grains chez l'Etranger. Pour
éviter la furabondance , l'engorgement, & dès-
lors l'aviliffement de nos grains accrus par l'augmentation de l'Agriculture, des femences &
des récoltes , ( fruits de l'aifance du Laboureur )
je propofe d'ouvrir à mefure , & la balance à
la main , des débouchés proportionnés à l'excédent de notre confommation.

J'ai l'honneur d'être , &c.

# LETTRE

*À l'Auteur de la Gazette du Commerce, en réponse à la précédente.*

EXTRAIT de la Gazette du 10 Mars 1764. Nº. 20.

*De Paris le 4 Mars 1764.*

JE viens de lire, Monsieur, votre Gazette, Nº. 18, & j'y vois avec cette satisfaction qu'inspire l'amour de la vérité, que vous ne dissimulez aucune des objections qui s'élevent même contre les opinions que vous avez embrassées. Ce plan, Monsieur, est le seul capable de procurer à la Nation une instruction solide sur ses plus grands intérêts.

La réponse que vous insérez dans votre Gazette, Nº. 18, à la Lettre du Nº. 6, propose, contre l'exécution actuelle de la liberté du Commerce desgrains, des doutes d'autant plus capables de faire impréssion, qu'ils font précédés de l'aveu des principes évidens qui militent en faveur de cette liberté; & on se plaint que personne ne s'exerce sur cette partie de la question qui concerne les précautions à prendre.

Je ne suis point l'Auteur de la Lettre, Nº. 6, & peut-être mon opinion personnelle est-elle aussi éloignée du tranchant de l'une, que de l'extrême timidité de l'autre. Cependant il me semble que ceux qui traitent les questions œco-

nomiques en grand, fans autre objet que l'inftruction publique, font fondés à expofer les
vérités dans leur étendue la plus rigoureufe. Ils
fe repofent fur la fageffe de l'adminiftration du
foin de diftinguer ce qui doit être fait pour le
falut public, & ce qui peut être accordé, foit
à l'opinion populaire, lorfqu'il s'agit de la rec-
tifier fur un article intéreffant, foit à la pré-
voyance qui lui confeille de prévenir fcrupu-
leufement toute combinaifon poffible d'événemens capables d'altérer l'effet d'une opération
importante. C'eft cette application jufte des
principes aux circonftances particulieres ou lo-
cales qui forme la difficulté de la fcience de gou-
verner : le génie feul, aidé d'une longue obfervation, a droit d'apprécier la différence d'un
moment à un autre, & de trouver dans le principe même la régle des excéptions qui doivent
en modifier l'éffet général, conformément aux
tems & aux lieux. Il n'eft donc pas furprenant
que les bons efprits qui ont médité fur la liberté du Commerce des grains, ayent été re-
tenus par cette réfléxion judicieufe. Parmi ceux
qui profeffent la néceffité de la liberté, peut-
être en eft-il qui euffent propofé des modifi-
cations à cette liberté, s'ils euffent affez préfu-
mé d'eux pour croire utiles au Public leurs obfervations fur la maniere d'exécuter ; ou bien
s'ils ignoroient que dans ces fortes de matiè-
res on ne voit que trop fouvent des gens rendre hommage à la vérité pour en arrêter plus
fûrement les éffets. Il eft rare de voir des hommes inftruits, ou qui prétendent l'être, en contradiction ouverte fur les principes ; mais il l'eft
encore plus de les voir d'accord fur les expé-

diens lorfqu'il faut opérer. C'eft toujours fur
les détails que roulent les difcuffions, que s'é-
levent les difficultés ; les incidens s'accumulent
avec les repliques, l'objet principal eft enfin
perdu de vûe, & de-là réfulte fouvent ce paradoxe monftrueux, qu'une chofe indifpenfable ne peut être exécutée. Lorfque des hommes font également portés à concourir au même but, la diverfité des opinions produit un
grand bien ; chacun propofe fes moyens, &
de la difcuffion réciproque naît la lumière : mais
lorfque les uns propofent & que les autres ne
s'occupent qu'à détruire fans édifier, on ne
peut en attendre que l'incertitude & l'indéci-
fion. Sully n'eût rien réformé s'il eût attendu
le concours de ceux-mêmes qui fe vantoient
d'avoir de l'expérience & de l'habileté dans fa
partie. Richelieu pour élever la fortune de la
France ne changea point impunément de principe, & fon plan ne fût pas moins contrarié
par les préjugés des politiques qui l'avoient
précédé dans les Confeils, que par l'envie des
Courtifans. Plufieurs Provinces manqueroient
probablement à cet empire, fi les Confeils de
guerre euffent décidé des batailles données
par les Condé, les Turenne, les Luxembourg,
les Vendôme. Dans tous les tems, dans tous
les lieux, l'avis du plus grand nombre produi-
fit rarement de grands fuccès ; & il eft peut-
être naturel de penfer que la feule inftruction
néceffaire à un Public qui n'a point à délibérer
fur l'exécution, & celle qui coupe la racine de
fes préjugés, par la démonftration des bons
principes ; celle enfin, qui, en lui apprenant
qu'il faut agir, le prépare à recevoir avec re-

connoiſſance, les expédiens que la ſageſſe du Gouvernement aura adoptés.

Ce choix eſt ſi délicat, que les particuliers ſemblent devoir mettre beaucoup de retenue dans de ſemblables propoſitions ; & l'éxemple de l'excellent Eſſai ſur la Police des grains, nous apprend qu'il ne ſuffit pas de bien penſer ſur le fond, pour bien opérer. L'Auteur n'a-t-il pas propoſé, comme une précaution convenable, de mettre un droit à la ſortie de nos grains ? Or, ſi ce droit arrête la ſortie, ce n'eſt pas la peine de faire une loi nouvelle ; s'il ne l'arrête pas, que ſignifie cette précaution ? Où ſe bornera, où s'étendra ſon influence ?

Il paroît donc que les bons Citoyens ont rempli leur tâche, en prouvant à la Nation que la culture des grains dépérit, parce qu'elle n'eſt pas aſſez lucrative, & que toute Nation qui n'aura pas enviſagé l'Agriculture du côté du Commerce, ſera dans ce cas. Car la circulation intérieure ne peut par elle-même augmenter le profit général de la culture, ni hauſſer la valeur du bled. Si l'on veut donc ſoutenir & augmenter cette culture, il faut pouvoir vendre à un prix proportionné aux dépenſes ; eſt-il un autre moyen que le Commerce avec l'Etranger, qui fera participer nos denrées aux prix que vaut la denrée dans les autres marchés ? Voilà ce qui eſt indiſpenſable & plus fort que tous les doutes ; ſans argent, point de denrées. Réglez comme il vous paroîtra convenable les conditions de ce Commerce, pourvû que vos régles ne l'anéantiſſent pas ; mais il faut que je vende à profit, ſi vous voulez que je produiſe. Vos paroles ſont belles, vo-

tre prudence eſt grande ; mais lorſque vous agi-
rez, j'agirai ; ma parole eſt ſûre, car mon intérêt eſt ma caution. La vôtre ne l'eſt pas, car
vous ne connoiſſez pas ma ſituation, puiſque
vous me conſeillez d'y reſter ; voilà le véritable état de la queſtion : toutes les fois qu'on
cherchera à l'éluder, il ſera permis de croire
que les principes avoués ne ſont pas bien ſai-
ſis dans toute leur étendue, ou que les préjugés ſont plus forts que la conviction ; car il
n'appartient qu'aux préjugés de vouloir & ne
vouloir pas.

Réſumons cependant les objections, de peur
que l'on ne nous accuſe de les mépriſer, &
encore plus d'être embarraſſés d'y répondre.

1°. *Les abus avec leſquels nous ſommes nés,*
*ſont chéris des ſots, & maintenus, pullulés par*
*les méchans.*

R. Cela eſt de toute vérité, mais il ne faut
point répéter ce que diſent ces gens-là ; encore
moins le faire valoir.

2°. *Le caractère d'une Nation doit être conſulté*
*dans tout ce qu'on a à exiger d'elle, même pour*
*ſon avantage.*

R. Jamais une vérité morale & vaguement
alléguée n'a détruit un fait phiſique : la Nation parle comme elle le peut, les Compagnies
ſupérieures, les Bureaux d'Agriculture, le vœu
des Citoyens éclairés & inſtruits, les Laboureurs, tout dépoſe que l'anéantiſſement de la
culture procéde de l'aviliſſement du prix des
grains. Le caractère national ſeroit-il de vouloir ſortir de la miſère, & d'en être auſſi-tôt
repentant ? Il faut abréger pour aller au fait ;
mais on nous regarde comme des enfans.

3°.

3°. *C'est à de timides essais, à nombre de fautes, à une longue possession, que les Anglois doivent les avantages résultans du libre transport de leurs grains. Ambitionner de le porter tout d'un coup en France au point de perfection, où nous le trouvons établi en Angleterre, c'est peut-être témérité.*

R. Quelles font donc ces fautes qu'ont faites les Anglois ? l'Auteur auroit bien dû nous faire part de ses Mémoires très-secrets fur cette partie. L'Histoire & les Statuts d'Angleterre ne nous en apprennent que deux ; la premiere, d'avoir cru qu'un droit d'entrée fur les grains étrangers suffiroit pour mettre la Culture nationale au pair, ce qui ne réussit point en effet. La deuxieme, d'avoir proclamé une fixation de prix pour la fortie si basse qu'elle fût sans effet, ce qui détermina un an après à la fixation actuelle.

Au furplus, on ne demande pas la police d'Angleterre, mais fon effet ; choisissez l'expédient, mais donnez une valeur à nos denrées. Ainsi c'est créer une chimère pour la combattre que de nous parler de la perfection Angloise, & de l'ambition de nos Laboureurs. Personne ne prétend que nous vendions dans ce moment autant de grain que les Anglois, car cela est impossible ; mais que la liberté permanente d'en vendre produise une hausse fur le prix, capable de rembourser les frais de la Culture, & d'inviter à fon amélioration. Nous nous reconnoîtrons volontiers dans l'enfance, nous ne demandons pas à grandir avant l'âge ; mais laissez-nous l'usage de nos membres, car nous serons d'autant plus foibles, que nous les

K

aurons moins exercés. La perfection du Commerce, c'est d'avoir la préférence sur les Etrangers ; or nous l'aurons dès qu'on nous permettra d'avoir tout le superflu que nous pouvons nous procurer ; car nous sommes l'Etat le plus grand, le plus plantureux, comme disoient nos peres, & le plus mal cultivé après l'Espagne ; arrêter ce qui peut seul nous y conduire, c'est donc incendier les moissons.

Lorsqu'il fut question en Angleterre de tirer l'Agriculture de son état de dépérissement par une grande opération, les mêmes raisonnemens s'y firent, & de plus forts encore, car alors nous nourrissions l'Espagne en entier, & nous subsistentions plus souvent l'Angleterre, qu'elle ne vient aujourd'hui à notre secours ; nous avions encore des terres à cultiver cependant, ainsi la témérité de nos voisins étoit encore plus grande. Comparons la situation actuelle de notre Culture & de la leur, voilà la solution.

Mais la difficulté fût-elle encore plus grande, est-ce un bon conseil que de ne rien tenter ? Des hommes actifs & courageux redoubleront d'efforts ; il n'y a que l'impossibilité démontrée capable de les décourager.

4°. *Le Commerce en général ne sçauroit être libre dans une partie & gêné dans l'autre . . . Il faut que tout marche d'un pas égal, & qu'avant d'établir une forme nouvelle, on ait tellement renversé l'ancienne, qu'il n'en subsiste rien.*

*R.* Voilà encore une cumulation de maximes générales, dont l'affirmative ne conclut rien sur la question particuliere, & dont la négative peut occasionner des volumes de contro-

verſés, à la faveur deſquelles on mettra à l'é-
cart la queſtion éſſentielle.

Eh ! quand même cela feroit vrai, ce qu'on
eſt fort éloigné d'accorder, faudroit-il croire
que les grains qui forment les ſix douziemes au
moins du revenu national, ne devroient pas
avoir une valeur proportionnée à la dépenſe
de leur production, parceque les autres branches des revenus primitifs, feroient dans le
même cas ? Un homme fracaſſé ne ſe ſerviroit
pas du bras le premier guéri, juſqu'à ce que
tous les deux le fuſſent !

Mais allons plus loin ; les grains ſeuls ſont
dans le cas de la prohibition. Chacun fait de
ſon vin, de ſon ſucre, de ſa toile, de ſon
drap, ce qu'il lui plaît, le vend comment & à
qui il le juge à propos, au prix qui lui convient : ainſi les grains ſeuls, on le répete, la
moitié du revenu national, ne profite pas de
la liberté accordée à toutes les autres propriétés ; cette comparaiſon eſt donc un argument
en leur faveur ; & ce n'eſt point ici qu'il a été
employé pour la premiere fois.

5°. *En Angleterre la Nation entiere veille à*
*l'Adminiſtration & à la Police des grains. Il y*
*a des loix fondamentales, à l'aide deſquelles on*
*élague les difficultés, l'immutabilité des principes*
*& des ſyſtêmes y eſt maintenue.*

R. Puiſque l'Auteur fait tant d'état du caractère national dans cette queſtion, & qu'a-
près avoir ſuppoſé gratuitement aux François
une oppoſition générale contre leur plus grand
intérêt, il en conclud qu'il vaut mieux les laiſſer dans la pauvreté que de les enrichir malgré
eux ; je crois à mon tour être en droit de

K ij

conclure que la Nation inftruite, aura autant
d'influence pour le maintien des bons principes, que pour foutenir le principe de fa def-
truction. J'ajoute que de tous les Peuples de
l'Europe, aucun n'eft fi conftamment attaché
aux maximes qu'il embraffe : lifez nos loix,
étudiez nos formes ; vous y verrez des variations nécéffaires, mais lentes & peu fréquentes ; le fond eft toujours confervé. Cela vient
de la grande confiance du Peuple dans le Gouvernement, & du refpect de celui-ci pour les
Loix. C'eft par cette raifon qu'on ne demande
pas des permiffions momentanées, mais une
loi permanente. Cette loi aura fes gardiens,
les mêmes qui veillent à la confervation du petit nombre de nos loix fondamentales & des
loix éffentielles qui y fuppléent ; avec cette
heureufe différence entr'elles, que le Légifla-
teur pourroit les changer ou les modifier, fi
le falut public l'exigeoit. Il eft donc évident
que nous avons autant de moyens d'être fages
& heureux que les Anglois.

6°. *A-t-on en France des tableaux fidéles de
la quantité des terres labourables & deftinées à
porter du bled.... de ce qu'exige la confommation générale ? S'il eft vrai que nos récoltes ne rapportent, une année dans l'autre, que pour 18 mois
de fubfiftance à 15 millions d'individus, fi les femences confomment la valeur de trois mois, nous
n'avons à faire fortir par an que le fuperflu d'environ 3 mois de nourriture.*

R. Pour toute réponfe on pourroit alléguer
deux faits. 1°. La moitié de la France voit
confommer fes récoltes de grains à des ufages
que le défaut de débouché a feul introduits :

ce que les hommes ne confomment pas d'orge
& même de bled, ce que les greniers n'en
peuvent pas contenir, eft donné aux cochons.
2°. Dans l'année 1709, la plus mémorable de
nos époques difetteufes, les bleds que le Gouvernement fit venir, ne fervirent point à la fubfiftance nationale, & furent gâtés faute de
vente. Il fe trouva en France même de quoi
fubvenir aux befoins ; & ce qui rendit cette
année fi défaftreufe, ce fut, indépendamment
des autres circonftances, la perte prefque totale d'une année de revenu ; dès-lors la ceffa-
tion d'une année de falaires. On avance ce fait
d'après des témoins refpectables.

Mais allons plus avant. Nous n'avons à la
vérité aucun tableau légal & autentique fur la
population, ni fur la quantité de nos terres
enfemencées : cependant plufieurs perfonnes
ont obfervé, & ces obfervations font un préjugé plus recevable qu'un doute, fur-tout lorfque chacun en a vérifié la juftelle dans les parties qu'il a été à portée de connoître. On eft
donc aflez d'accord qu'il y a environ 16 millions de perfonnes à nourrir, au lieu de 15 que
fuppofe l'Auteur. On convient encore aflez généralement, que bonnes & mauvaifes années
compenfées, la récolte donne une année &
demie de fubfiftance, femences prélevées ; au
lieu que l'Auteur dans cette année & demie
comprend les femences. On fçait à l'appui de
cela que lorfqu'il n'y a que ce qu'on appelle
demie-année, on n'eft pas inquiet de la fubfiftance, parce que l'année pleine comme l'année 1763, rend la fubfiftance de 3 à 4 années :
en effet l'année derniere, dans la plus grande

partie du Royaume, la récolte n'a pû être en grangée. On croit donc ne pas fortir des bornes raifonnables, en pofant l'évaluation actuelle de nos récoltes à une année & demie l'une dans l'autre : on croit qu'on feroit fondé à la porter plus loin ; mais il faut abréger.

On compte communément 40 millions d'arpens de terre en labour pour toutes efpéces de grains.

10 millions en froment, méteil, feigle & mays.

15 millions en orges & menus grains.

15 millions en jachéres,

40 millions d'arpens,

La récolte moyenne à 4 feptiers, y compris la femence, donne fur les 10 millions d'arpens en froment, feigle & mays... 40 millions.

Les 15 millions d'arpens en orge
& menus grains . . . . . . . . . 60 millions.

100 millions.

Déduifons - en pour les femences . . . . . . . . . . . . . . . 19 millions.

refte 81 millions.

Sçavoir 32 millions en bleds.
Et 49 en orge & menus grains,

81 dont la moitié de ces derniers fert à la nourriture des hommes.

Nous avons donc environ 50 millions de feptiers de grains à employer à notre fubfiftance. On fe flatte d'être refté au-deffous du vrai plutôt que de tomber dans l'éxagération.

16 millions d'hommes à 2 septiers $\frac{1}{4}$ l'un dans l'autre, n'en consomment que 36 millions de septiers; il nous reste donc environ 20 millions d'excédent ou la demie-année, sans compter les chataignes & les pommes de terre.

Si cet excédent sort, ou seulement la moitié, nous pouvons craindre qu'une mauvaise année ne nous mette à découvert, d'être forcés de recourir à l'étranger pour racheter cher ce que nous lui aurons vendu à bon marché.

L'objection est préssante, je ne crois pas l'avoir affoiblie; voyons si elle est solide.

Le septier pése 240 liv.; par conséquent 5 millions de septiers péseront 1, 200, 000, 000 liv. Le tonneau de mer pése 2000 liv.; ainsi ce sont 600 mille tonneaux de mer. Or pour les exporter il faudroit 2 mille Vaisseaux de 300 tonneaux. Ils n'existent pas en France, ainsi la seule précaution de ne se servir que de Vaisseaux François nous met dans l'impossibilité actuelle d'exporter seulement 5 millions de septiers, ou le quart de notre superflu; ce qui forme à-peu-près le tiers de ce qui peut être consommé en Europe, dans les pays qui reçoivent du bled de l'étranger.

Par conséquent pour exporter seulement tous les ans un million de septiers, ou le vingtieme de notre superflu, il faudra qu'il soit construit exprès environ 2 ou 300 Vaisseaux, de 150 à 200 tonneaux; car nous n'avons pas assez pour des objets plus lucratifs.

Tel est donc à-peu-près le tableau du Commerce par lequel nous pouvons commencer à entrer en concurrence avec l'étranger. Les 8 à 10 millions d'argent étranger que cette opération peut verser parmi les Cultivateurs en font le moindre bénéfice. L'effet le plus utile pour nous sera d'augmenter la valeur de nos récoltes, en rapprochant un peu nos prix de ceux de tous les marchés de l'Europe ; & quand même cette augmentation ne seroit que de 20 s. par septier sur le froment, & de 10 s. sur les autres grains, il en résulteroit sur nos 40 millions d'arpens ensemencés, un bénéfice d'environ 52 millions pour les Fermiers, somme au-dessus du montant de la taille.

Je ne dois faire, ni au Public, ni à l'Auteur de la Lettre, l'injure de déveloper les conséquences ; mais je rappellerai que dans l'état actuel, la valeur du bled ne forme presque que le pair de sa dépense.

7°. *Le pain est de première nécessité en France plus particulierement qu'en Angleterre, parce qu'un François en consomme journellement trois fois plus qu'un Anglois.*

R. On ne veut pas disputer sur la proportion ; mais pourquoi y a-t-il une différence entr'eux, car il en existe une ? Le voici : Le François ne faisant point argent de son bled, & son bled ne payant point la façon, il n'a que cela pour vivre ; il ne cultive point de pommes de terre qui le nourriroient mieux, plus agréablement & à moins de frais. Voyez l'Allemagne, même l'Alsace & la Lorraine.

8°. *L'exportation renchérira le prix ; mais cet avantage sera d'abord plus particulierement & plus directement pour le Propriétaire des terres que pour le manœuvre & le Journalier, qui ne haussera sa main d'œuvre que petit à petit.*

R. Voilà la bonne objection ; mais elle est

réfolue par la démonftration faite ci-deffus de l'impoffibilité d'exporter actuellement feulement un million de feptiers, ou la 56e partie d'une récolte moyenne. Cependant on a évalué l'augmentation générale des prix à raifon de cet enlevement, à un quinzieme : ce qui coûte 14 d. en coûtera peut-être 15, & il y aura évidemment au moins un 30e de travail de plus. Où eft donc l'inconvénient ?

9°. *Que le pain renchériffe, & que les Marchands de bled ayent des magafins pleins & tout prêts à fe vuider pour l'étranger, qu'une feule voix s'éleve indifcretement & crie : on travaille à nous ôter la fubfiftance : qui eft-ce qui me répondra que ce premier inftant de la terreur publique n'armera pas le peuple ?*

*R.* Donnez une loi, le Magiftrat répondra de tout : Il punit ordinairement de mort ces fortes d'indifcrétions, puifqu'on les appelle ainfi. Mais confidérons cet affemblage ; le pain eft renchéri, les magafins des Marchands de bled font pleins, tout prêts à fe vuider pour l'étranger, & le peuple les brûle. Je ne crois point que cette marche foit naturelle ; elle eft contraire aux intérêts de ceux qui la tiendroient.

Je fuis, &c.

# RÉFLÉXIONS,

*Pour servir de seconde Réponse à la Lettre insérée dans la Gazette du Commerce*

## N°. 18.

IL s'agit de sçavoir si tous les avantages du Commerce extérieur des grains avoués & reconnus, il est tems de donner cette liberté? Si elle a des inconvéniens qui doivent la faire retarder? Si dans le cas où elle en aurait, ces inconvéniens seraient effectivement parés par le retard?

Nous traiterons séparément ces trois questions.

## PREMIERE QUESTION.

L'Auteur de la Lettre que nous examinons, dit sur la première question, qu'*il faut nous donner le tems de nous familiariser avec la circulation intérieure*, qu'*il faut interdire l'entrée des grains étrangers*, qu'*il faut donner des moyens au Laboureur*, *multiplier les capitaux*, *les bras*, *les charrues*, *les défrichemens*, *renvoyer la consommation dans les Provinces*, ensuite que *l'on pourra*, *la balance à la main*, *ouvrir à mesure quelques débouchés*, &c.

Un mot sur chacune de ces opinions.

1°. *Nous donner le tems de nous familiariser avec la liberté de la circulation intérieure.* Nous donner le tems, soit, puisqu'on le veut;

mais il y a trois mois que l'on jouit de la liberté intérieure, celle de l'exportation n'eſt
pas encore décidée ; ainſi voilà qui eſt déjà
fait. On a donné du tems, & puiſqu'il ne s'a-
giſſait que de ſe *familiariſer*, nous ne devons
pas être loin du terme, car il ne paraît point
que cette liberté de la circulation ait beaucoup
éffrayé nos Provinces de l'intérieur. ( 1 ) Il eſt
vrai que l'Auteur voudrait que ce tems em-
braſſe celui d'établir *des canaux de communication du centre aux extrémités*, c'eſt nous renvoyer loin. Les canaux, comme toute autre
entrepriſe publique, ne peuvent ſe faire que
par le moyen des revenus de la Nation ; les
revenus tiennent un prix avantageux & uniforme des productions du Territoire ; le prix
uniforme & avantageux ne peut être que celui

_____

(1) La liberté de la circulation intérieure n'a pas produit l'éffet que l'on en déſirait ; les Grains n'ont preſque
point renchéri. La raiſon en eſt ſimple, c'eſt que malgré les craintes que l'on affecte, de voir des enlèvemens
rapides, il eſt de la nature de toutes les opérations de
commerce de ſe faire avec lenteur. Ceux qui s'imagi-
nent que le bled monterait tout-à-coup à un prix excéf-
ſif dans le cas de liberté, ne connaiſſent point la marche de l'eſprit humain, qui ne peut acquérir que pro-
gréſſivement des lumieres, & moins encore celle de
l'eſprit des Négocians qui ne veulent rien faire qu'à
coup ſûr, & qui par conſéquent vont toujours pas à
pas dans leurs entrepriſes
  D'ailleurs la liberté de la circulation intérieure, quoiqu'indiſpenſable, eſt le plus inſuffiſant de tous les remédes : car elle ne multiplie pas la conſommation, ni par
conſéquent le débit ; elle ne peut qu'égaliſer le prix d'une
Province à l'autre. On ne fait point revenir un apo-
plectique en lui jettant de l'eau fraîche, ni en lui donnant des ptiſannes, il faut le ſaigner.

du *Marché général*, auquel on participe par la liberté de l'exportation & de l'inportation. Dire donc : *commencez par faire des canaux* ; c'eſt dire faites de la dépenſe, tandis que vous n'avez point d'argent. Il ſerait plus conſéquent, ſans doute, de dire : ayez de l'argent & des revenus, donnez pour y parvenir la liberté de l'exportation & de l'inportation des grains, *afin de pouvoir faire des canaux*. ( 2 )

---

( 2 ) *Les canaux* ſont un outil de commerce, outil commode, & qui ménage bien les frais ; mais comme pour avoir de ces outils là, il faut les payer, il eſt très-ſûr qu'on s'en ſouciera peu, tant que l'on ne verra point la néceſſité & l'utilité préſente de s'en ſervir. On trouvera toujours du commerce dans les lieux où ſeront des canaux ; ſans doute : c'eſt que l'on n'a jamais fait de canaux dans les Pays où il ne peut point y avoir de commerce. Les ſimples communications même ne s'établiſſent qu'à meſure que le beſoin s'en fait ſentir. Le grand moyen donc pour avoir force *canaux de communication du centre aux extrémités*, c'eſt de donner la liberté de l'Exportation & de l'Inportation des Grains, la circulation intérieure ne peut jamais produire cet éffet, car, quelque libre que cette circulation ſoit, les Habitans des Provinces de l'intérieur ne s'aviſeront point d'envoyer leurs Grains en Normandie, tant que cette fertile Province n'aura pas le débouché du ſuperflu des ſiens ; chacun reſtera à ſa place, chacun conſommera ſur ſon champ le produit de ſon champ, perſonne ne cherchera à multiplier ce produit non débitable, au contraire on reſſérrera ſa conſommation pour ménager ſa peine, & pour donner moins de priſe à des impôſitions indirectes qui portent deſſus ; de-là travail médiocre, culture faible, ſuperflu, commerce, canaux & communications nuls. Mais ſi toutes nos Provinces maritimes avaient la liberté de l'Exportation, les Provinces de l'intérieur trouveraient le débit de leurs Grains, qui, de proche en proche, viendraient remplacer les exportés ;

2°. *Interdire l'entrée des grains étrangers*, voilà une manœuvre bien hardie pour quelqu'un qui paraît timide ; ce ferait un préliminaire de Commerce d'une efpéce peu commune , & qui certainement n'eft pas propre à lier des correfpondances. Heureufement qu'une pareille interdiction ne s'exécutera jamais ; dans les années abondantes elle ferait inutile , les Etrangers n'apporteront pas leurs bleds chez nous quand nous n'en aurons que faire , & quand les nôtres feront à meilleur marché que les leurs : dans les années de difette elle ferait révoquée inconteftablement ; la Police qui veille avec tant d'attention à la fubfiftance du peuple , s'emprefferait même à acheter des grains étrangers.

3°. *Donner des moyens au Laboureur.* Excellente maxime ! belle & fage opération ! Mais comment ? *En multipliant les capitaux . . . . . .* expréffion que je n'entends pas ; les capitaux peuvent s'accroître infenfiblement par l'addition de quelques nouveaux produits nets, qui tourneraient au profit des avances productives ; mais des capitaux qui multiplient, furtout dans un pays fermé au Commerce extérieur, & où la culture rend à peine les frais, je n'ai jamais vu cela . . . . *Les bras* . . . . ah ! cela eft différent, les bras peuvent multiplier ; le moyen eft facile ; il ne s'agit que d'avoir

de-là combinaifons de commerce , magafins , *canaux , communications* , travail , induftrie ; de-là accroiffement de culture , de richeffes , de population , de revenus ; de-là bonheur pour le Peuple , gloire & puiffance pour le Roi. Voilà la différence du Tableau.

des falaires fuffifans à donner aux hommes qui n'ont que des bras, & je réponds de leur poftérité ; (3) l'aifance peuple, il n'y a que le luxe de décoration & la mifere fa compagne qui foyent dépopulateurs : mais pour avoir des falaires fuffifans à donner à tous ceux qui ont befoin d'ouvrage, il faut avoir des revenus ; pour avoir des revenus, il faut vendre avantageufement les denrées de fon Territoire ; pour vendre avantageufement fes denrées, il faut que le prix en foit peu variable ; pour avoir un prix peu variable, il faut participer à celui du marché général, il faut exporter & inporter ; vouloir d'abord *multiplier les bras*, c'eft mettre l'effet avant la caufe.

Il eft vrai que ce n'eft pas feulement les bras que l'on veut multiplier, ce font auffi *les charrues & les défrichemens* .... Les défrichemens ? Quelle finguliere marche ! quoi vous convenez que le Laboreur *manque de moyens*, parce que le vil prix de fes productions rembourfe à peine fes frais de culture, parce qu'il eft furchargé de grains, parce qu'il éprouve univerfellement *la mifere de l'abondance* ; & vous opinez que pour remédier à ce malheur

---

(3) On voit que l'intention des contradicteurs eft de reculer le plus loin poffible. Attendre pour donner la liberté de l'Exportation que les bras foient multipliés, c'eft demander beaucoup de tems.

Je ne profite pas de la moitié de nos avantages ; je pourrais relever des façons de raifonner bien extraordinaires. On ne veut pas donner la liberté du commerce extérieur que nos récoltes ne furpaffent de beaucoup notre confommation, & pour moyen on propofe de multiplier les confommateurs.

il faut accroître la culture , *multiplier les charrues & les défrichemens*, & se bien garder d'ouvrir la porte que tout cela ne soit fait ?.... Oui certainement vous viendriez ainsi à la liberté du Commerce extérieur , ( quand on s'est jetté par terre il faut bien se relever si l'on ne veut mourir là ) Mais vous y viendriez par une route cruelle. Ne voyez - vous pas que vous augmenteriez encore l'aviliffement du prix de vos grains, que bientôt ils ne rembourferaient plus que les frais , que si la culture ne rendait que les frais , on toucherait au moment de n'avoir plus de culture , parce que le Laboureur n'y trouvant aucun profit, ne mefurerait plus son travail que fur fon appétit & apprendrait bientôt le fecret d'aller pieds nuds & de boire dans fa main ? ne voyez-vous pas que si la culture ne rendait que les frais, il ne pourrait y avoir aucun revenu pour qui que ce foit; que dès que vous n'auriez point de revenu , vous deviendriez une Nation nulle, qui n'aurait ni gouvernement ni foldats, qui ferait le jouet de fes voifins & la proye du premier entreprenant ? Ne voyez-vous pas que dès que vous manqueriez de revenu vous n'auriez pas la même fubfiftance alimentaire ; qu'il faudrait que vous viviez de l'air , vous & ce peuple dont vous craignez la fureur , & ces pauvres à qui vous voudriez vendre du pain à bon marché , mais qui n'en pourraient acheter à aucun prix ? ( 4 )

---

(4) Je me trompe, lorfque l'on aurait ainfi détruit la culture & diffous la Nation, par la multiplication des entreprifes rurales & l'obftination du *non-débit*, ou ne

4°. Pour ce qui eſt *d'envoyer de la conſom-* *mation dans les Provinces, par le ſéjour auquel on obligeroit les grands Propriétaires, &c.* c'eſt réellement une opération bonne, utile & judicieuſe, pourvû qu'elle ſe faſſe *par tous moyens doux & honnêtes,* comme diſoit notre bon Roi Henri le Grand. Mais cette opération eſt abſolument indépendante de l'exportation & de l'inportation des grains, & n'a aucun droit pour paſſer devant; car rien ne peut être plus preſſé que d'aſſurer à ces mêmes Propriétaires des revenus conſidérables, & leur ſéjour en Province en ſera bien autrement avantageux; rien ne peut être plus preſſé que d'aſſurer au peuple un prix conſtant & uniforme dans la plus importante des denrées alimentaires, afin qu'il ne ſoit plus expoſé aux tranſitions ſubites & cruelles, qui, dans un pays fermé au Commerce, ſe trouvent néceſſairement entre le vil prix & la cherté exceſſive. D'ailleurs quelqu'avantageuſe que ſoit cette opération, elle eſt décidément inſuffiſante pour l'éffet que l'on s'en propoſe; le ſéjour des grands Propriétaires dans les Provinces tranſportera la conſommation, mais ne la multipliera guere, il n'augmentera point le nombre des mangeurs. Les Provinces nourriſſent la Capitale; ſi l'on répand les Habitans de cette Capitale dans les Provinces, ils ſeront

---

ferait pas encore pour cela obligé de vivre de l'air; il reſterait une reſſource, ce ſerait de manger juſqu'à extinction *ces mêmes capitaux* que l'on voulait *multiplier* tout à l'heure. L'uſage de cette reſſource, qui rend le mal ſans remede, eſt le ſecret dont on s'eſt ſervi de tout tems pour placer des déſerts où il y avait des empires.

nourris

nourris tout de même, peut-être un peu plus
au large; mais fur-tout, quant au pain, la différence fera petite ; ( chacun fçait le prover-
be du peuple, *que perfonne ne dîne deux fois*)
les cantons éloignés vendront mieux, les pays
de l'intérieur vendront moins ; ôtez de cela
l'épargne des frais de tranfport, qui tournent
eux-mêmes en confommations, refte à très-
peu de chofe près zéro pour la maffe.

Ces confeils, de *fe familiarifer avec la circulation*, de *faire des canaux*, de *donner des moyens
au Laboureur*, d'*envoyer la confommation dans
les Provinces*, de *multiplier les bras, les charrues,
les défrichemens*, *&c.* avant de donner la liberté
de l'exportation des grains ; ces confeils vagues pourraient fe réfumer par ce difcours :
» Nous fommes pauvres, notre Agriculture
» eft dans un état de dépériffement & de lan-
» gueur, *nos organes font encore affaiffés, abru-
» tis par l'ancienne géne & par le décourage-
» ment.* (5) Il y a un moyen de fortir promp-
» tement de cette trifte fituation, moyen qui
» eft *de droit naturel*, & qui *ferait pour la France
» une fource inépuifable de richeffe & de force ;*
» (6) ce moyen eft la liberté entiere & ab-
» folue de l'exportation & de l'inportation
» des grains, *perfonne n'en doute & je fuis prêt
» à le figner* ; (7) mais comme nous fommes
» bien pauvres & que la néceffité du remede
» eft préffante, je conclus qu'une méthode qui
» nous enrichirait fi vîte pourrait être très-

---

(5) Voyez dans la Lettre ci-deffus à la pag. 136, lig. 27.
(6) Voyez même Lettre, p. 130 ligne antépénultiéme.
(7) Voyez même page.

L

» pernicieufe, & qu'il faut attendre pour nous
» en fervir que nous n'en ayons prefque plus
» befoin. »

Paffons, car il feroit dûr, & d'entendre
tonjours raifonner ainfi, & d'être toujours
obligé de réfuter de la forte.

5°. Après toutes les opérations préliminaires & lentes fur lefquelles nous venons de jetter un coup d'œil, l'Auteur propofe enfin *d'ouvrir des débouchés à mefure, & la balance à la
main*. La balance à la main ! Beau mot ! mais
qui fut fouvent d'une interprétation bien fu-
nefte. *C'eft la balance à la main* que s'eft
établi le fyftême deftructif qui nous a con-
duits au point où la culture rend très-
peu de chofe par-delà les frais ; c'eft *la balance
à la main*, que le Juge de Saumur défendit en
1607 l'exportation des grains ; & fi la Cour
alors n'applaudit point à fon zèle indifcret,
ce n'en eft pas moins *la balance à la main* que
depuis 1661 il s'eft rendu tant d'Ordonnances
prohibitives ; ce fut *pour y tenir de plus près la
main*, qu'en 1699 on interdit le Commerce
de Province à Province.... Il n'y a qu'une
balance toujours invariable & fûre, c'eft celle
que l'Etre fuprême a établi dans la marche des
opérations naturelles. Celle-là nous répond
que jamais le bled ne fortira des lieux où il
fera néceffaire & cher, pour aller dans ceux
où il fera abondant & à bon marché ; celle-
là nous répond que le Commerce une fois
libre, la difette fera impoffible, & que tous
les peuples de l'Europe mangeront conftamment le pain au même prix, parce qu'ils fe fe-
coureront mutuellement, & de proche en
proche.

Ô balance fublime de la Nature, tu n'es bien qu'entre les mains de ton Auteur ! toutes les fois que des créatures faibles & bornées, fujettes aux paffions, à l'ignorance, à l'inté-rêt, à l'erreur, ont ofé s'arroger ta direction, leur main vacillante n'a fait que précipiter al-ternativement tes baffins.

## SECONDE QUESTION.

*La liberté de l'exportation & de l'inportation des Grains a-t-elle quelque inconvénient ?*

L'Auteur dont nous prenons la liberté de difcuter ici les opinions, ne préfente qu'une feule crainte qui vaille la peine d'être relevée.

Il redoute, que *l'accroiffement de la richeffe fe faifant fentir d'abord plus particuliérement fur les revenus des Propriétaires, que fur le falaire des Ouvriers & Journaliers, le renchériffemena du pain ne caufe quelque fédition parmi le Peuple.*

Je réponds, que l'accroiffement de la richeffe fe faifant fentir d'abord plus particuliérement fur le produit net de la culture, ( produit qui fe partagera entre les propriétaires & les Labou-reurs) (8) que fur la dépenfe & les falaires des Ouvriers & Journaliers, le renchériffement du pain ne pourra caufer aucune émotion, & moins encore de fédition parmi le Peuple.

Il paraît peut-être au Lecteur que je n'ai fait que répéter l'objection ; cependant je n'y fçais point d'autre réponfe. Expliquons-nous.

1°. Le renchériffement des Grains ne fera rien moins que fubit, comme on fait femblant

(8) Voyez le grand Tableau, page 46 du Mémoire.

de le croire ; il fera au contraire progréffif &
très-lent , parce que nos Marchands feront
d'abord peu entreprenans & peu routinés à ce
commerce. L'Auteur dit lui-même que *nous ne*
*pouvons ambitionner de le porter tout d'un coup*
*au point où il eft en Angleterre.* Il ajoute que *nos*
*organes font encore affaiffés, abrutis par l'ancienne*
*gêne & le découragement,* que nous fommes peu
exercés *fur les moyens d'enmagaziner , de garder*
*& de tranfporter les bleds par le plus court chemin,*
*& à moins de frais poffibles.* Donc nous perdrons
en frais une partie du bénéfice qui femblerait
nous affurer le bas prix actuel de nos grains ;
donc nos ventes n'iront pas vîte , donc nos
exportations feront faibles, donc le renchériffement de nos bleds ne fera pas confidérable (9). C'eft d'après toutes ces obfervations
mûrement pefées , qu'on a cru ne devoir
compter le prix du vendeur des grains qu'à
15 liv. 14 fols pour la premiere année de liberté (10) ce qui fuppofe à 16 liv. environ le
prix commun du marché, qui eft aujourd'hui
à 15 liv. Cette augmentation qui feroit à peine
d'un denier fur une livre de pain , n'eft fûrement pas capable d'allumer la fédition.

2°. Ce renchériffement infenfible dans les
dépenfes des Ouvriers & Journaliers , augmentera de plus des trois quarts le *produit net*

---

(9) On a vu dans la Réponfe précédente , dont
l'Auteur m'eft inconnu , que *l'exportation de la vingtiéme*
*partie de notre fuperflu exigeroit la conftruction de deux ou*
*trois cens vaiffeaux.* Rien n'eft plus raffurant fans doute
pour ceux qui craignent les exportations excéffives.

(10) Voyez encore le grand Tableau page 46 du
Mémoire précédent.

de notre culture, puifque les Laboureurs qui ne vendent aujourd'hui leurs bleds que 13 liv. 10 fols, fur quoi ils retirent 11 liv. 5 fols pour leurs reprifes, trouveront alors à les débiter à 15 liv. 14 fols.

Dès-lors les Fermiers, qui, comme nous l'avons vu, partageront ce bénéfice avec les Propriétaires, l'employeront à mefure en travaux & entreprifes de culture, qui occuperont les Manouvriers de la campagne trop oififs aujourd'hui ; de même que les Propriétaires par l'augmentation de leur dépenfe, fuite indifpenfable de celle de leur revenu, multiplieront le travail, & faciliteront la fubfiftance des Ouvriers habitans dans les Villes. (11)

Or le revenu & tous les travaux qu'il paye, (travaux fi néceffaires à un peuple que la mifère *défœuvre*) étant augmentés des trois quarts dès la première année de liberté, tandis que la dépenfe alimentaire des Onvriers ne fera accrue que d'un dix-huitiéme dans cette même année, il eft clair que leur fubfiftance fera plus aifée, qu'ils commenceront à goûter les prémices d'un fort infiniment préférable à celui qu'ils ont aujourd'hui, & que l'efpérance ( qui fera toujours facile à communiquer aux Français ) de voir améliorer leur fituation, répondra de leur tranquillité. Ce n'eft pas avec les peuples contens que l'on fait les féditieux.

--------

(11) Comme la vérité n'a qu'un langage, je fuis forcé de me répéter ; je fens bien cependant qu'il y a des chofes affez claires pour ne devoir être dites qu'une fois : mais eft-ce ma faute fi dans le nombre il fe trouve des gens avec lefquels il eft indifpenfable de recommencer.

On me dira peut-être, que *depuis que l'on jouit de la liberté intérieure, le pain a renchéri de trois liards par livre à Bordeaux, & qu'il y a eu une émeute populaire.*

J'ignore si ce fait que j'ai entendu conter à Paris est bien constaté ; on me permettra donc de proposer en réponse six questions.

1°. Y a-t-il eu à Bordeaux une émeute populaire ?

2°. Est-ce le renchérissement du pain qui a été cause de cette émeute ?

3°. Est-il vrai que le pain y soit renchéri de trois liards par livre ?

4°. Pour que le pain renchérisse de trois liards, il faut que le prix du septier de bled ait hauffé de 8 liv. 5 sols au moins ; est-il vrai que dans la Guyenne il ait soufert cette augmentation ?

5°. Si le septier de bled n'est pas renchéri de 8 liv. 5 sols, n'aurait-il pas été facile à la Police d'empêcher le pain d'augmenter de trois liards par livre ?

6° Un Tarif public, qui exprimerait quelle doit être la valeur de la livre de pain relativement à celle du septier de bled, ne suffirait-il pas à cet égard pour éviter tout monopole de la part des Boulangers ?

Toutes ces questions bien éclaircies, je suis plus que persuadé qu'il se trouverait que le septier de bled n'a pas augmenté en Guyenne de 8 liv. 5 sols, que le pain n'a pu conséquemment renchérir de trois liards par livre, que ce renchérissement impossible n'a pu causer une émeute populaire, & peut-être même qu'il n'y a point eu d'émeute.

C'eſt une ſinguliere choſe que cette crainte des ſéditions; on a bien raiſon de dire que la peur ne raiſonne point. La liberté de l'exportation ou de l'inportation des Grains peut, à la longue & par des gradations inſenſibles, faire renchérir les nôtres d'un écu par ſeptier, c'eſt environ un liard ſur la livre de pain, & l'on tremble que le Peuple ſe mutine. La prohibition au contraire qui décourage la culture, prépare la diſette, dégoûte de la formation des Magaſins, & ferme la porte au ſecours de l'Étranger, la prohibition qui expoſe une Nation à ſentir tout-à-coup l'effet d'une mauvaiſe récolte, & moyennant laquelle il n'y a qu'un pas de la *miſere de l'abondance* à celle du beſoin, la prohibition qui voit & qui fait paſſer rapidement les bleds depuis moins de 10 liv. juſqu'à 25 & 30 liv. le ſeptier, la prohibition n'excite point les allarmes, & l'on ſe repoſe de la tranquillité publique ſur la Police & ſur les Maréchauſſées.

Ce renchériſſement du pain eſt le grand argument des contradicteurs; mais *les Nations ne ſubſiſtent pas de pain ſeulement*, dirait J. C. Le pain eſt la moindre choſe dont il s'agiſſe ici; nos Adverſaires ne verront-ils jamais que la puiſſance de l'État, l'impôt aſſuré & non deſtructif, la dette publique, l'aiſance & la félicité particuliere, que tout cela eſt le pain, & tient au renchériſſement des bleds. Raiſonneurs compatiſſans, dont tous les regards vont ſe concentrer dans un four, écoutez donc que des politiques qui ne voudraient enviſager que le pain, s'expoſeraient bien-tôt à en manquer; ſongez que ſi les grains ſont à vil prix, vos

Fermiers ne pourront vous payer de revenus; que lorfque vous n'aurez point de revenus, votre charité fera impuiffante, il ne vous fera pas poffible de donner à ce peuple de l'ouvrage, ni par conféquent des falaires; & que cette difette de travail & de falaire le mettra dans le cas de ne pouvoir rien acheter, pas même du pain, & le forcera à mourir de mifere, à voler, à mendier, ou à émigrer.

## TROISIEME QUESTION.

On a vu par l'éxamen des deux queftions précédentes qu'il y avait néceffité, & néceffité fans inconvénient, de donner à préfent la liberté entiere & abfolue de l'exportation & de l'inportation des Grains; mais quand les inconvéniens que l'on y a cherché feraient auffi réels qu'ils font imaginaires, feraient-ils une raifon fuffifante pour retarder une opération *qui eft de droit naturel*, & qui *ferait pour la France une fource inépuifable de richeffes & de force?* Sont-ils de nature à être parés par le retardement? Telle eft notre troifiéme Queftion.

Il n'a pas plû à l'Auteur de la Lettre que nous réfutons de la traiter, peut-être a-t-il fenti que la propofer c'était la réfoudre. Car que craint-on? Les féditions, fuite du renchériffement des bleds? Mais dans dix ans comme aujourd'hui, l'éffet de la liberté du Commerce extérieur fera de renchérir le prix commun des bleds; & fi l'on fuivait le confeil de l'auteur, il y aurait (felon fa façon de raifonner) une plus forte raifon de redouter ce renchériffement ; car alors la *multiplication des charrues & des défrichemens* aurait redoublé l'aviliſſement des grains , & le prix des nôtres différerait encore plus qu'il ne fait de celui du marché général , ce qui l'expoſerait donc à une plus grande variation que celle qu'il peut eſſuyer aujourd'hui. La difficulté ( ſi tant eſt qu'il y en eût une, car actuellement nos contradicteurs appellent ainſi la néceſſité préſſante ) la difficulté angmenterait donc, bien loin de diminuer par le retardement. *Mais alors on aurait pris des meſures* .... & qui empêche d'en prendre? *On aurait fait des magaſins* .... Non , on ne fera point de magaſins en France tant que l'on n'aura pas la liberté de l'exportation. On ſçait que le Royaume eſt trop fertile pour ſe haſarder à former des magaſins coûteux, que pluſieurs bonnes années de ſuite peuvent forcer à ſe conſumer en frais , & qui ſe trouveraient enfin trop renchéris par la garde , pour pouvoir ſoutenir la concurrence des grains étrangers quand le moment du débit ſerait venu ; d'ailleurs il ne faut pas s'imaginer que ces magaſins que la liberté du Commerce encouragera & fera néceſſairement former de toutes parts, ſoient principalement faits avec l'argent des Français ; l'argent eſt trop rare chez nous, (11) & ſon intérêt trop haut , pour que les

(11) L'Auteur de la Lettre que nous éxaminons, avance, il eſt vrai, qu'il y a 1,700 millions d'argent monnoyé en France. Il ignore ſans doute ce que tout le monde commence à ſçavoir, c'eſt que l'argent monnoyé étant une choſe que l'on ne peut ſe procurer qu'en donnant une autre choſe de valeur égale en échange, il n'eſt pas poſſible qu'il y en ait chez une Nation pour une

grandes entreprifes du Commerce rural ayent beaucoup de charmes à nos yeux. Nous fommes encore un peu blâfés par ce commerce illufoire qu'on appelle *agiot* ; & quoique les efprits fe difpofent affez généralement à en revenir, on peut compter que du moins dans les commencemens ce feront nos voifins qui, plus exercés que nous aux combinaifons du Commerce, feront chez nous la plus grande

---

plús grande fomme que celle à laquelle fe monte le revenu de fes biens-fonds. Il n'a pas réfléchi que les Cultivateurs étant les feuls hommes qui reçuffent tous les ans de la nature une certaine quantité de richeffes nouvelles & non achetées, il fallait néceffairement que tout le pécule de la Nation leur repaffât annuellement entre les mains par la vente de leurs denrées ; que ce pécule rentrait de leurs mains dans la Société par le payement des fermages & des impôfitions ; que les Propriétaires, & les Gagiftes du Gouvernement qui vivent fur l'impôt, verfaient par leur dépenfe ce pécule, partie fur les Cultivateurs, & partie fur les Artifans, Marchands & Ouvriers de toute efpéce, qui ne poffédant aucun autre bien que leurs bras & leur induftrie, ne peuvent avoir d'argent que par le falaire qu'ils reçoivent des propriétaires du revenu ; que ces propriétaires ne peuvent pas donner de falaires, & par conféquent répandre d'argent dans le commerce & la circulation, pour une fomme plus forte que celle qu'ils ont reçue de leurs Fermiers, vû que l'argent ne croît pas dans leur poche ; & que les Fermiers eux-mêmes n'en ont pu recevoir, & par conféquent donner pour une fomme plus grande que celle de la valeur des productions qu'ils ont vendues : qu'en calculant donc les ventes annuelles des Fermiers, on aura toujours la fomme à laquelle fe monte en total l'argent monnoyé du Royaume. A côté de ces combinaifons folides & inconteftables, les relevés de ce qui fe fabrique aux Hôtels des Monnoies, & de ce qu'on appelle l'appoint de la balance du Commerce, font d'une

partie des magaſins de notre propre denrée.(12)
C'eſt ainſi que la liberté de l'exportation & de
l'inportation des Grains attirera l'argent de
l'Étranger, pour vivifier nos champs & ra-
nimer notre culture par l'achat des bleds que
nous exporterons, & encore par l'achat d'une
partie de ceux que nous n'exporterons point.
Mais nos voiſins ne s'engageront dans cette
opération ſi utile pour nous, que lorſqu'ils

---

bien petite autorité ; attendu que l'on ne tient point
regiſtre de la contrebande, ni de ce que nos Officiers ver-
ſent dans le pays étranger en tems de guerre, ni de, &c.

La reſſource de dire, *il y a des théſauriſeurs & de
l'argent qui dort*, eſt une reſſource pitoyable ; s'il y avait
dans le Royaume plus de 1,200 millions à dormir, l'intérêt de l'argent ſerait bien autrement bas qu'il n'eſt.
Tous nos riches ſe raſſemblent dans la Capitale ; pour
peu qu'on les ait fréquenté, on n'eſt que trop ſûr qu'ils
ne théſauriſent point ; & quand quelques-uns d'eux le
feraient, cela ne mettrait en compte qu'une bagatelle
bien médiocre & bien paſſagére, le goût d'amaſſer des
tréfors ne durant jamais deux générations, tandis que
celui de les dépenſer paſſe de pere en fils. Enfin partant
du grand principe, qui eſt de calculer le produit des
terres pour juger de la ſomme du pécule, on verra que
les 1,700 millions d'argent monnoyé exiſtent à peine en
Europe.

Voyez le *Tableau œconomique* & la *Philoſophie rurale.*

(12) Cette obſervation ne doit point nous allarmer.
Si les Etrangers font des magaſins de bled chez nous,
ce ſera dans la vue d'y trouver leur intérêt ; cet intérêt
nous répondra donc que lorſqu'ils y verront du bénéfice
ils vendront ; & qu'ils n'exporteront que lorſque l'abondance tiendra le bled chez nous à plus bas prix que chez
les autres peuples, de tout le profit que les Magaſineurs
y voudront faire, & encore de tous les frais de tranſport ; car ils nous vendront toujours de préférence à
prix égal & même inférieur, pour ménager ces frais.

verront que la liberté du débit eſt ſûre , & que les magaſins peuvent par conſéquent procurer quelque gain à ceux qui les formeraient. La ſeconde reſſource des magaſins nombreux & conſidérables reculera donc, ainſi que l'époque de la liberté extérieure ; on fera comme on a fait juſqu'à préſent, le Fermier un peu aiſé gardera ſes grains tant qu'il pourra , le Cultivateur indigent vendra ſur le champ & à bas prix, & quand il s'agira enfin de donner cette liberté, de l'utilité & de l'importance de laquelle on convient aujourd'hui, on en reviendra encore à la crainte du renchériſſement & des ſéditions.

Il n'eſt pas étonnant que ces obſervations ayent échappé à nos contradicteurs, leur logique eſt d'une eſpéce peu commune , & la meilleure maniere de les réfuter ſerait peut-être de rapprocher leurs principes de leurs concluſions : éſſayons.

Nous ne pouvons , diſent-ils , ſans courir riſque de la diſette, *faire ſortir chaque année que* la quantité de grains ſuffiſante *pour trois mois de nourriture* ; (13) ( c'eſt environ neuf millions de ſeptiers ) donc nous devons redouter une liberté qui enleverait peut-être à préſent un million de ſeptiers, & qui dans la ſuite en pourrait faire exporter juſqu'à deux ou trois millions tous les ans.

*La Nation eſt vive , pétulante , peu réfléchie , aiſée à allarmer,* on peut en craindre des ſéditions ſi le pain venoit à renchérir ; donc *il faut interdire toute entrée aux grains , aux farines étrangeres.* (14)

---

(13) Voyez la Lettre ci-deſſus , page 133 , lig. 27.
(14) Voyez même Lett. p. 134, lig. 17. & p. 137, l. 26.

Comme *les Anglais ont cinquante ou foixante ans d'avance fur nous*, notreCommerce en grains ne pourra de long-tems égaler le leur ; (15) donc nous devons le retarder encore.

*Notre Commerce fera d'abord languiffant & faible*, nos correfpondances, *nos tranfports & nos communications feront dans les commencemens peu rapides & mal établis*; (16) donc il ne faut pas lever toutes éclufes crainte d'épuifement ; donc auffi *nous devons défendre l'inportation des grains étrangers* crainte de furabondance.

Nous avons *par an neuf millions de feptiers de grains fuperflus* (17) qui s'accumulent depuis très-long-tems , & qui caufent l'aviliffement du prix de cette denrée ; donc il faut fe garder encore d'en laiffer fortir , donc *il faut multiplier les charrues & les défrichemens*, &c. &c. &c.

Quoique ces fortes d'inconféquences fourmillent dans la Lettre que nous venons d'éxaminer, nous devons quelques louanges à l'Auteur ; il faut convenir qu'il a employé dans cette occafion tout l'art & tout le talent imaginables ; il a rendu fes objections auffi fpécieufes qu'il foit poffible , mais ce n'eft pas fa faute fi l'on ne fçaurait défendre une mauvaife caufe avec de bonnes raifons.

---

(15) Même Lettre, page 132, lig. 13.
(16) Même Lettre, page 136.
(17) Même Lettre, page 133, lig. 27. & page 139.

## F I N.

# FAUTES A CORRIGER.

Page 11, premiere ligne de la Note, *partagent ce qu'ils touchent*, lisez *partage ce qu'il touche.*

Page 21, lig. 9, *acquereurs*, lisez *acheteurs.*

Page 22, ligne derniere de la Note, *grain*, lisez *grains.*

Page 29, lig. 9 de la Note 11, *les deux parties liées*, lisez *les deux parties sont liées.*

Pag. 30, lig. 17, *personn equi*, lisez *personne qui.*

Page 53, lig. 11, *Impôsitions indirectes, qui*, lisez *charges indirectes, qui supportées par les avances annuelles de la culture.*

Page 66, lig. 4, supprimez *dans l'emploi de ses dépenses.*

Page 73, entre la ligne premiere & la ligne deuxiéme, ajoutez, *plus la Nation sera riche.*

Page 75, à la fin de la Note, ajoutez. *Ce calcul est fait suivant les évaluations ordinaires des Meuniers & des Boulangers ; mais depuis que ceci est imprimé, l'Auteur a eu communication du Procès-verbal de l'expérience faite en dernier lieu à l'Hôpital général de la Salpétriere ; il résulte de cette expérience qu'un septier de bled mis en farine selon la mouture œconomique a rendu 252 liv. 8 onc. de pain. Il suit de-là que tous frais faits, le prix de la livre de pain ne doit être que d'autant de deniers que le septier de bled mesure de Paris a coûté de livres. Ainsi donc à 18 liv. le septier, prix commun de liberté, le pain se vendrait six liards la livre ; & s'il était possible que le septier de bled montât jusqu'à 24 liv. le pain ne se vendrait cependant que 2 sols, ce qui n'est pas une cherté capable d'allarmer qui que ce soit.*

Page 77, lig. 13, *libres en plein air*, lisez, *libres, en plein air.*

## APPROBATION.

J E fouffigné, Lieutenant Général au Bailliage de Soiffons, & Cenfeur de la Société Royale d'Agriculture de Soiffons, ai lû le Mémoire de M. Du Pont, Affocié de notre Bureau fur *l'Exportation & l'Importation des Grains*, & n'y ai rien trouvé qui puiffe en empêcher l'impreffion. A Soiffons ce 27 Février 1764.

CHARPENTIER.

## PRIVILEGE DU ROI.

L OUIS, par la grace de Dieu, Roi de France & de Navarre, à nos amés & féaux Confeillers les Gens tenans nos Cours de Parlement, Maîtres des Requêtes Ordinaires de notre Hôtel, Grand-Confeil, Prevôt de Paris, Baillifs, Sénéchaux, leurs Lieutenans Civils, & autres nos Jufticiers qu'il appartiendra, SALUT. Notre amé le Sieur BRETON, Secrétaire perpétuel de la Société d'Agriculture de Soiffons, Nous a fait expofer qu'il auroit befoin de nos Lettres de Privilege pour l'impreffion des Ouvrages de ladite Société. A CES CAUSES, voulant favorablement traiter l'Expofant, Nous lui avons permis & permettons par ces Préfentes, de faire imprimer par tel Imprimeur qu'il voudra choifir, tous les Ouvrages que ladite Société voudra faire imprimer en fon nom, en tels volumes, forme, marge, caracteres, conjointement ou féparément, & autant de fois que bon lui femblera, & de la faire vendre & débiter par tout notre Royaume, pendant le tems de fix années confécutives, à compter du jour de la date des Préfentes ; fans toutefois qu'à l'occafion defdits ouvrages il puiffe en être imprimé d'autres qui ne foient pas de ladite Société. Faifons défenfes à tous Imprimeurs, Libraires & autres perfonnes de quelque qualité & condition qu'elles foient, d'en introduire d'impreffion étrangere dans aucun lieu de notre obéïffance, comme auffi d'imprimer ou faire imprimer, vendre, faire vendre & débiter lefdits ouvrages, en tout ou en partie, ni d'en faire aucune traduction où extrait, fous quelque prétexte que ce puiffe être, fans la permiffion expreffe & par écrit dudit Expofant, ou de ceux qui auront droit de lui, à peine de confifcation des Exemplaires contrefaits, de trois mille livres d'amende contre chacun des contrevenans, dont un tiers à Nous, un tiers à l'Hôtel-Dieu de Paris, & l'autre tiers audit Expofant ou à celui qui aura droit de lui, & de tous dépens, dommages & intérêts ; à la charge que ces Préfentes feront enregiftrées tout au long fur le Regiftre de la Communauté des Imprimeurs & Libraires de Paris dans trois mois de la date d'icelles, que l'impreffion defdits ouvrages fera faite dans notre Royaume & non ailleurs ; en bon papier & beaux caracteres, conformément aux Réglemens de la Librairie ; qu'avant de les expofer en vente, les manufcrits ou imprimés qui auront fervi de copie à l'impreffion defdits ouvrages, feront remis dans le même état où l'Approbation y aura été donnée ès mains de notre très-cher & féal Chevalier Chancelier de France, le fieur de Lamoignon, & qu'il en fera remis enfuite deux Exemplaires de chacun dans notre Bibliotheque publique, un dans celle de notre Château du Louvre, un dans celle dudit fieur de Lamoignon, & un dans celle de notre très-cher & féal Chevalier Garde des Sceaux de France, le fieur Feideau de Brou, le tout à peine de nullité des Préfentes : du contenu defquelles vous mandons & enjoignons de faire jouir ledit Expofant & fes ayans caufe pleinement & paifiblement, fans fouffrir qu'il leur foit fait aucun trouble ou empêchement. Voulons que la copie des Préfentes, qui fera imprimée au long au commencement ou à la fin defdits ouvrages, foit tenue pour dûement fignifiée, & qu'aux copies collationnées par un de nos amés & féaux Confeillers-Secrétaires foi foit ajoutée comme à l'original. Commandons au premier notre Huiffier ou Sergent fur ce requis, de faire pour l'exécution d'icelles tous actes requis & néceffaires fans demander autre permiffion, & nonobftant clameur de Haro, Charte Normande & Lettres à ce contraires : car tel eft notre plaifir. Donné à Paris le trente-uniéme jour du mois d'Août, l'an de grace mil fept cens foixante-trois, & de notre Regne le quarante-neuviéme.

Par le Roi en fon Confeil. LE BEGUË.

Regiftré fur le Regiftre IV de la Chambre Royale & Syndicale des Libraires & Imprimeurs de Paris, N°. 1109, Fol. 463, conformément au Réglement de 1723, qui fait défenfes, Art. 41, à toutes perfonnes, de quelque qualité & condition qu'elles foient, autres que les Libraires & Imprimeurs, de vendre, débiter, faire afficher aucuns Livres pour les vendre en leur nom, foit qu'ils s'en difent les Auteurs ou autrement, & à la charge de fournir à la fufdite Chambre neuf Exemplaires prefcrits par l'article 168 du même Réglement. A Paris ce 26 Septembre 1763.

LE CLERC, Adjoint.

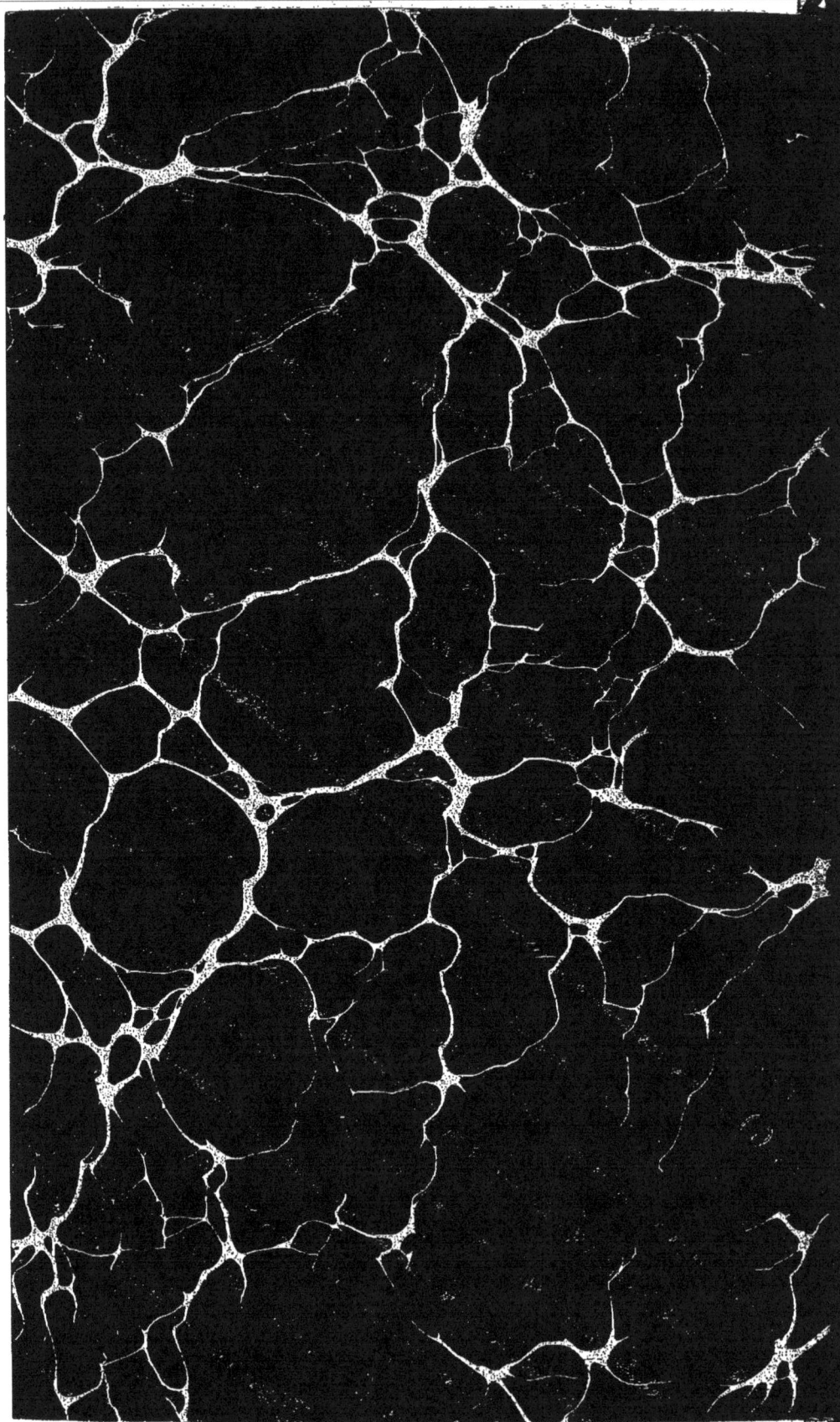

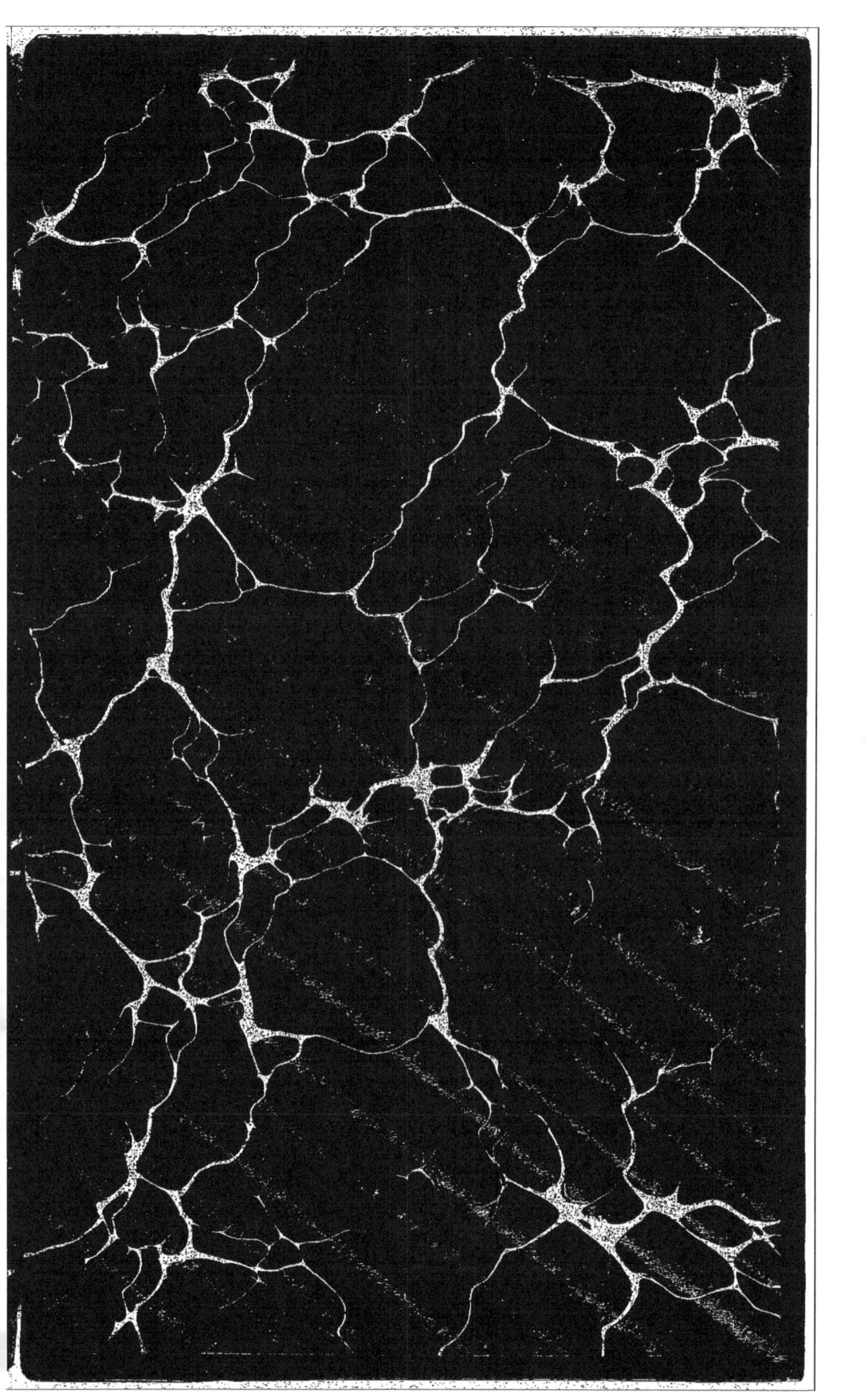

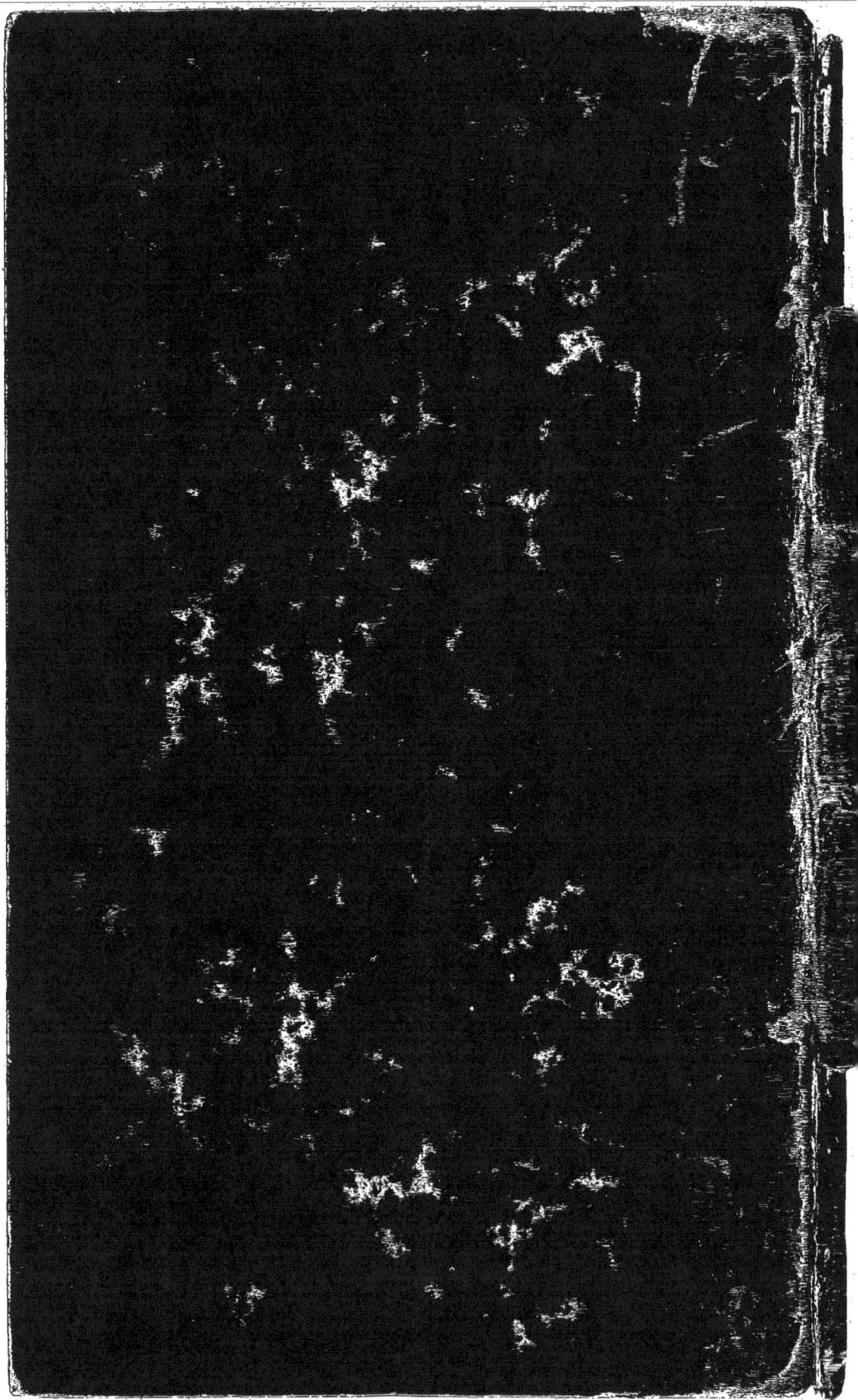

www.ingramcontent.com/pod-product-compliance
Lightning Source LLC
Chambersburg PA
CBHW031326210326
41519CB00048B/3303